ESSAI

DE

PALÉONTOLOGIE PHILOSOPHIQUE

OUVRAGE FAISANT SUITE AUX ENCHAINEMENTS
DU MONDE ANIMAL DANS LES TEMPS GÉOLOGIQUES

PAR

ALBERT GAUDRY

De l'Institut de France et de la Société royale de Londres,
Professeur de Paléontologie au Muséum d'Histoire naturelle.

AVEC 204 GRAVURES DANS LE TEXTE

PARIS

MASSON ET Cie, ÉDITEURS

LIBRAIRES DE L'ACADÉMIE DE MÉDECINE

120, BOULEVARD SAINT-GERMAIN

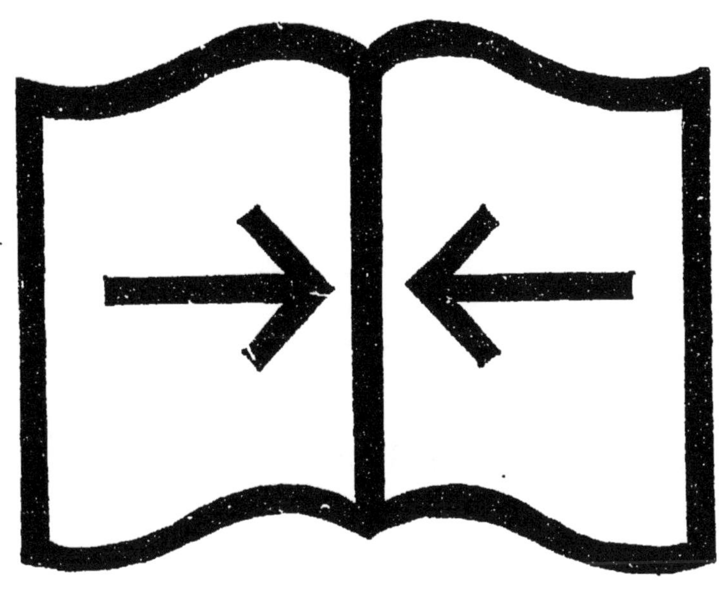

RELIURE SERRÉE
ABSENCE DE MARGES INTÉRIEURES

ESSAI

DE

PALÉONTOLOGIE PHILOSOPHIQUE

PRINCIPALES PUBLICATIONS DU MÊME AUTEUR

Les Enchaînements du monde animal dans les temps géologiques, avec 1000 figures de fossiles dans le texte, ouvrage en trois volumes ainsi répartis :

Fossiles primaires. Paris, 1883. 1 vol. gr. in-8°, avec 285 figures dans le texte dessinées par FORMANT . . . . 10 fr.

Fossiles secondaires. Paris, 1890. 1 vol. grand in-8° avec 403 figures dans le texte dessinées par FORMANT . . . . 10 fr.

Mammifères tertiaires. Paris. 1 vol. gr. in-8°, avec 312 figures dans le texte dessinées par FORMANT. — Nouveau tirage en 1895 . . . . 10 fr.

Animaux fossiles et géologie de l'Attique, d'après les recherches faites en 1855-1856 et 1860 sous les auspices de l'Académie des sciences. Paris, 1862-1867. Grand in-4°. 1 vol. de texte et 1 vol. d'atlas avec 75 planches et la carte géologique de l'Attique. . . . . *Épuisé*.

Animaux fossiles du Mont-Léberon (Vaucluse). Études de vertébrés, par ALBERT GAUDRY. Étude des invertébrés, par P. FISCHER et R. TOURNOUER. Paris, 1875, 1 vol. in-4°, avec 20 planches. . . . . 30 fr.

Considérations sur les Mammifères qui ont vécu en Europe à la fin de l'époque miocène. Paris 1873. In-8°. . . . . 1 fr. 50

Matériaux pour l'Histoire des temps quaternaires.

Fascicule I. *Fossiles de la Mayenne*. Paris, 1873. In-4° de 62 pages avec 11 planches (*Épuisé*).

Fascicule II. *De l'existence des Saïgas en France à l'époque quaternaire*. Paris, 1880. In-4° de 81 pages avec 4 planches . . . . 4 fr.

Fascicule III. *L'Elasmotherium* (en collaboration avec M. MARCELLIN BOULE). Paris, 1888. In-4° de 20 pages avec 4 planches. . . . . 4 fr.

Fascicule IV. *Les Oubliettes de Gargas* (en collaboration avec M. MARCELLIN BOULE) 1892. In-4° de 27 pages avec 5 planches . . . . 5 fr.

Géologie de l'île de Chypre. Paris, 1862. 1 vol. grand in-4° avec 70 figures dans le texte, 2 planches et une carte (Mémoires de la Société géologique de France, 2e série, t. VIII).

Recherches scientifiques en Orient entreprises par les ordres du Gouvernement. Paris, 1855, grand in-8°, avec 8 planches et 1 carte.

Les ancêtres de nos animaux dans les temps géologiques. Paris, 1888. 1 vol. in-16, avec 40 figures dans le texte (Bibliothèque scientifique contemporaine).

32831. — Imprimerie LAHURE, rue de Fleurus, 9, à Paris.

ESSAI

DE

PALÉONTOLOGIE PHILOSOPHIQUE

OUVRAGE FAISANT SUITE AUX ENCHAINEMENTS
DU MONDE ANIMAL DANS LES TEMPS GÉOLOGIQUES

PAR

ALBERT GAUDRY

De l'Institut de France et de la Société royale de Londres,
Professeur de Paléontologie au Muséum d'Histoire naturelle.

AVEC 204 GRAVURES DANS LE TEXTE

PARIS
MASSON ET Cie, ÉDITEURS
LIBRAIRES DE L'ACADÉMIE DE MÉDECINE
120, BOULEVARD SAINT-GERMAIN

1896

ESSAI

DE

PALÉONTOLOGIE PHILOSOPHIQUE

INTRODUCTION

Si récentes qu'elles soient sur la terre, les créatures pensantes aspirent à connaître les origines de la grande nature qui les a précédées et les environne. Les philosophes ont longuement discuté sur le développement des êtres. Il est utile qu'à leur tour les paléontologistes apportent leur avis; car les philosophes n'ont présenté que des vues de leur esprit; ils n'ont pas eu de bases objectives[1]. Pour saisir l'histoire du monde animé, il faut interroger les êtres fossiles.

1. En 1707, Leibniz, après avoir émis la supposition qu'on doit trouver des êtres établissant des transitions dans la nature, ajoutait : « *Je suis convaincu qu'il doit y en avoir de tels, que l'histoire naturelle parviendra peut-être à connaître, quand elle aura étudié davantage cette infinité d'êtres vivants, que leur petitesse dérobe aux observations communes, et qui se trouvent cachés dans les entrailles de la terre et dans l'abîme des eaux. Nous n'observons que depuis hier; comment serions-nous fondés à nier la*

La paléontologie a changé de face depuis l'époque où Cuvier en a jeté les bases. L'étonnement causé par les étranges et gigantesques créatures enfouies dans les pierres entraîna à les chercher de toute part. Mais, comme alors on admettait la fixité des espèces, on n'eut pas la pensée d'étudier leurs évolutions à travers les âges. Elles furent rangées à côté des formes vivantes qui s'en rapprochent le plus; la paléontologie était considérée comme une annexe des différentes branches de la zoologie. On avait si peu la croyance que les fossiles serviraient à découvrir le plan de la Création que, lorsqu'en 1853 l'État fonda dans le Muséum d'histoire naturelle de Paris une chaire de paléontologie, cette chaire rencontra une vive opposition; les professeurs de zoologie et d'anatomie conservèrent l'administration des fossiles; aucun objet placé dans les galeries publiques ne fut confié à la garde du nouveau professeur. Même en 1868, il parut un arrêté ministériel, consacrant le démembrement des fossiles entre les divers services chargés des animaux actuels. Il était donc impossible de constituer une collection qui présentât l'histoire du développement des êtres à la surface de notre globe.

Aujourd'hui, on commence à constater que les espèces fossiles n'ont pas été des entités immuables, isolées, mais de simples phases de développement de types qui

raison de ce que nous n'avons pas encore eu l'occasion de voir? Le principe de continuité est donc hors de doute chez moi et pourrait servir à établir plusieurs vérités importantes dans la philosophie.... Je me flatte d'en avoir quelques idées, mais ce siècle n'est point fait pour les recevoir. » (*Gottfried Wilhelm Freiherr von Leibniz, eine Biographie* von G. F. Guhrauer, Erster Theil, Anmerkungen, p. 32, 1846.)

poursuivent leur évolution dans l'immensité des âges. Mon ouvrage sur les *Enchaînements du Monde animal dans les temps géologiques* a eu pour but d'appuyer par des preuves patiemment réunies cette manière d'envisager la nature. On vient de construire dans le Jardin des Plantes une galerie de paléontologie qui permettra de suivre les changements des êtres depuis les siècles primaires jusqu'à nos jours; les penseurs pourront enfin étudier l'histoire de la vie.

Un plan domine cette vaste et magnifique histoire. Je vais essayer de dire ce que je crois en avoir aperçu. Assurément, je ne me dissimule pas que, dans l'état de notre science qui est à son aurore, un pareil essai sera très défectueux. Quand je faisais mes voyages en Orient, je voyais le matin les horizons cachés sous les brumes bleutées que les poètes aiment tant, et je tâchais d'y découvrir les silhouettes des belles montagnes de marbre. Ainsi, au matin de notre science paléontologique, nous regardons les lointains de la vie esquissés vaguement, et nous nous efforçons de distinguer quelques traits du plan qui la domine. Nous entrevoyons peu de chose, mais ce peu suffit déjà pour nous charmer, comme charme une éclaircie de soleil dans un paysage obscur.

Il me semble d'ailleurs qu'en dehors de son intérêt philosophique, la recherche du plan de la Création a de l'importance pour la géologie pratique. Jusqu'à présent la détermination des âges de la terre a été empirique. Quand on possédera le plan de la Création, cette détermination deviendra rationnelle; les géologues reconnaîtront qu'un des meilleurs moyens pour fixer la date d'un terrain est de savoir le stade de développement des fossiles qu'il renferme.

J'ai inséré dans le texte de nombreuses figures. Les unes sont empruntées à mes *Enchaînements du Monde animal*. Les autres sont nouvelles; un de mes élèves, qui est devenu rapidement un maître, M. Marcellin Boule, les a dessinées lui-même et en a surveillé la gravure. Je suis heureux de cette nouvelle marque d'affection qui m'est donnée par un paléontologiste dont j'apprécie beaucoup le talent et le caractère; je l'en remercie cordialement.

CHAPITRE I

LE MONDE ANIMÉ EST UNE GRANDE UNITÉ DONT ON PEUT SUIVRE LE DÉVELOPPEMENT COMME ON SUIT CELUI D'UN INDIVIDU

Lorsque, embrassant l'immensité des temps géologiques, nous en suivons le cours, nous rencontrons des changements successifs; notre esprit marche de surprise en surprise. Chaque époque a eu sa physionomie propre, et chaque phase de chaque époque a présenté quelque variation; les jours du monde se suivent et ne se ressemblent pas.

Si manifestes que soient les différences, elles ne sont pas radicales. La paléontologie n'a fait découvrir aucun embranchement nouveau, aucune classe ou sous-classe nouvelle.

Dès les siècles primaires, la nature animée avait des traits généraux de ressemblance avec la nature actuelle. Comme aujourd'hui, les spongiaires et les polypes formaient des colonies, les échinodermes se divisaient en cinq parties (fig. 1), les insectes étaient munis de trois paires de pattes, les arachnides en possédaient quatre

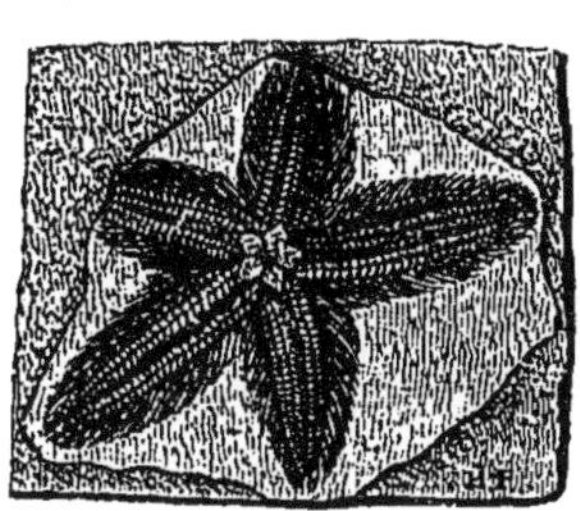

FIG. 1. — *Palæocoma Marstoni*, grandeur naturelle. — Silurien supérieur de Leintwardine. (Collection du Muséum.)

FIG. 2. — *Eophrynus Prestvichi*, grandeur naturelle, vu en dessous pour montrer les stigmates (d'après M. H. Woodward). — Houiller de Dudley. (Collection Hollier.)

(fig. 2), les myriapodes en avaient une multitude (fig. 3). M. Bernard Renault a trouvé dans le terrain houiller un ostracode dont le corps s'est conservé entièrement

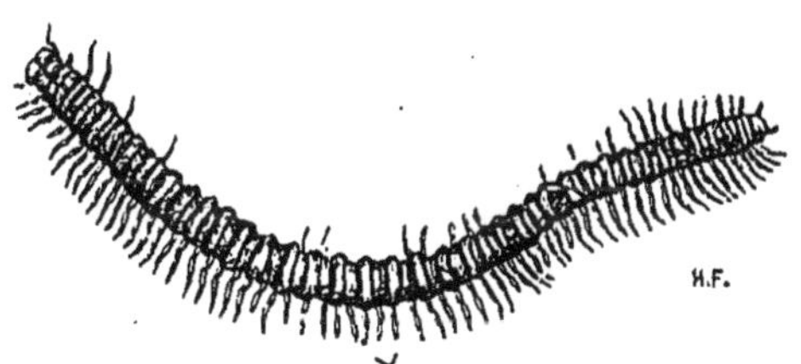

FIG. 3. — *Euphoberia Browni*, aux 3/4 de grandeur (d'après M. Henry Woodward). — Terrain houiller de Glascow, Écosse.

(fig. 4); l'étude qu'en a faite M. Charles Brongniart a montré les mêmes détails d'organisation que chez les espèces actuelles. Plusieurs brachiopodes appartenaient à des genres qui existent dans nos mers : *Lingula* (fig. 5),

Rhynchonella (fig. 6), *Terebratula*. A côté de poissons de types spéciaux, on en a rencontré qui ont des tendances vers ceux d'aujourd'hui ; M. le professeur Vaillant, en exa-

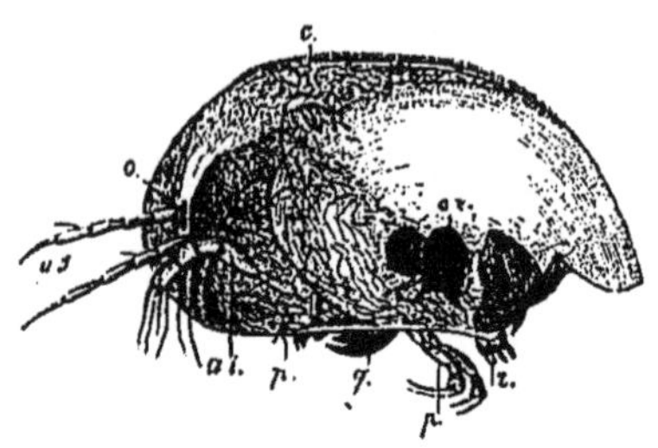

FIG. 4. — *Palæocypris Edwardsi*, animal silicifié, grandi 100 fois : *c.* carapace : *o.* œil ; *a.s.* antennes supérieures ; *a.i.* antennes inférieures ; *p.p'.* pattes ; *r.* rame post-abdominale ; *q.* queue ; *ov.* ovaires (d'après M. Charles Brongniart). — Houiller de Saint-Étienne.

minant un genre permien, que j'avais autrefois décrit sous le titre de *Megapleuron*, le juge si voisin des *Ceratodus* vivants d'Australie qu'il propose de l'inscrire sous

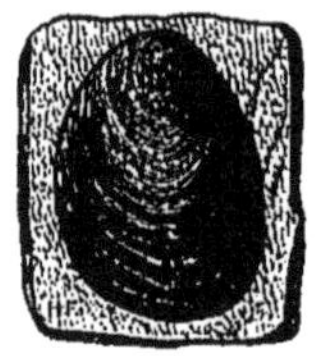

FIG. 5. — *Lingula* (s. g. *Lingulella*) *Davisi*, grandeur naturelle. — Cambrien supérieur de Port-Madoc. Pays de Galles.

FIG. 6. — *Rhynchonella lacunosa*, grandeur naturelle, vue sur la face dorsale. — Silurien supérieur de Benthal-Edge.

le même nom générique. Les reptiles primaires, quoique très différents de ceux de notre époque, ont plusieurs caractères semblables. Par exemple, ayant eu occasion d'étudier en détail les reptiles du Permien dont nous

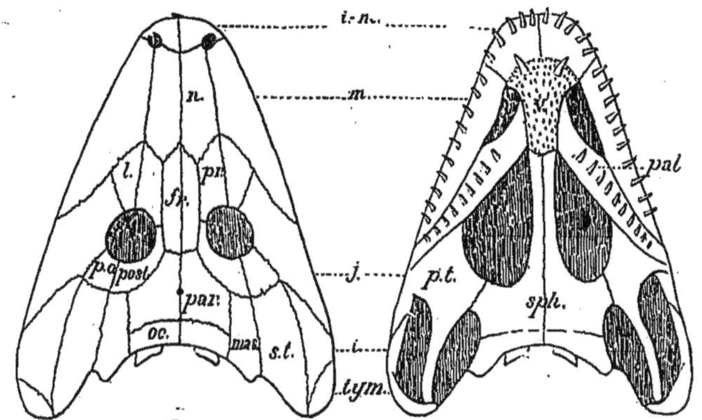

Fig. 7. — Tête d'*Actinodon Frossardi*, en dessus, 1/3 de gr. : *i.m.* inter-maxillaire; *m.* max.; *n.* nasal; *fr.* frontal; *pr.* pré-frontal; *l.* lacrymal; *post.* post-fr.; *p.o.* post-orbitaire; *j.* jugal; *par.* pariétal; *oc.* occipital; *mas.* mastoïde; *s.t.* sus-temporal; *t.* temp.; *tym.* tympanique. — Permien d'Autun.

Fig. 8. — Tête de la même espèce vue en dessous, au 1/3 de grandeur. Mêmes lettres que dans la figure précédente : *v.* vomer; *pal.* palatin; *sph.* sphénoïde; *pt.* ptérygoïde. — Permien d'Autun. (Collection du Muséum.)

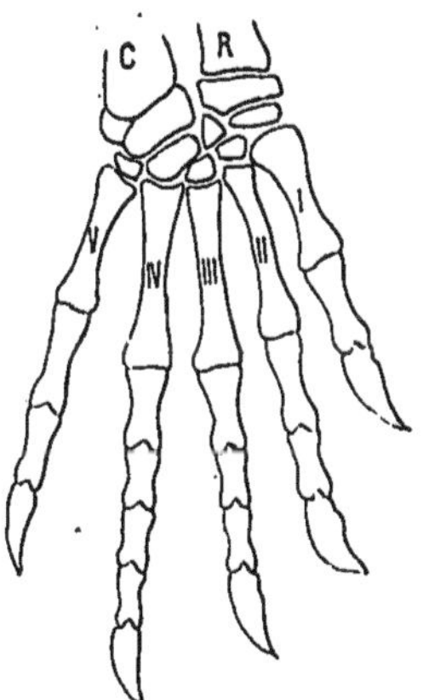

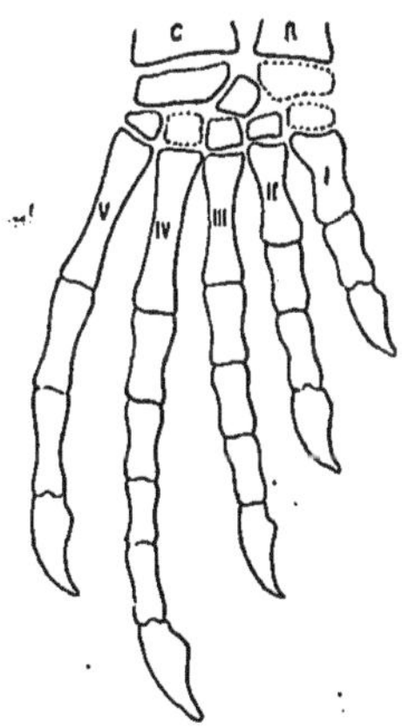

Fig. 9. — Patte antér. droite du *Callibrachion Gaudryi* (d'après MM. Boule et Glangeaud) : R. radius; C. cubitus; I. II. III. IV. V. les cinq métacarpiens, au 1/4 de gr. — Permien d'Autun.

Fig. 10. — Patte antérieure droite du varan. Mêmes lettres que dans la figure précédente. Grandeur naturelle. — Époque actuelle.

avons une belle collection, grâce aux savants d'Autun, je fus très frappé de voir que leurs têtes, soit en dessus (fig. 7), soit en dessous (fig. 8), ont les mêmes os que chez les animaux actuels. En comparant les pattes d'un reptile du même terrain (fig. 9) avec celles d'un varan ordinaire (fig. 10), MM. Marcellin Boule et Glangeaud ont remarqué leur extrême similitude.

Lorsqu'on arrive dans le Secondaire, on découvre beaucoup d'animaux invertébrés qui se rapportent à des genres vivants. Parmi les vertébrés, plusieurs sont encore très différents, mais le plus souvent ce n'est point parce qu'ils présentent des particularités inconnues de nos jours; c'est parce qu'ils réunissent des caractères actuellement répartis entre des classes distinctes. Ainsi l'habile paléontologiste M. Seeley décrit en ce moment des quadrupèdes du Trias de l'Afrique australe qui diminuent la distance entre les reptiles et les mammifères; l'*Ichthyosaurus*, cité comme un des fossiles les plus extraordinaires, rappelle les poissons par ses vertèbres, les mammifères marins par ses nageoires de devant, les reptiles par ses autres caractères; quoique le *Pterodactylus* appartienne certainement à la classe des reptiles, sa manière de voler avait de l'analogie avec celle des mammifères; l'*Iguanodon* est un reptile où les membres de derrière annoncent ceux des oiseaux; réciproquement l'*Archæopteryx* est un oiseau qui a des souvenances reptiliennes. En réalité les fossiles secondaires, qui ont tant étonné les paléontologistes par leurs singularités, établissent des liens entre les êtres animés, au lieu de révéler des lacunes.

Dans l'ère tertiaire, les genres actuels, rhinocéros, tapir, sanglier, gazelle, éléphant, hyène, chat, ours, etc., apparaissent tour à tour. On trouve, non seulement des genres, mais des espèces si voisines des formes vivantes qu'il est difficile de ne pas admettre leur proche parenté[1].

Enfin dans les temps quaternaires, les espèces sont pour la plupart identiques avec celles d'aujourd'hui ou si peu différentes qu'on les considère simplement comme des races[2]. Il est impossible de tracer une limite entre les êtres qui ont existé avant nous et ceux qui vivent autour de nous.

Il faut donc reconnaître que le monde fossile n'est pas distinct du monde actuel; il n'y a qu'un monde unique qui s'est continué depuis les plus anciens âges jusqu'à nos jours. Il peut être étudié comme un indi-

1. On peut citer notamment dans le Pliocène :

Sus arvernensis proche parent	de *S. scrofa.*
Tapirus arvernensis.	de *T. indicus.*
Equus Stenonis.	d'*E. caballus.*
Ursus arvernensis.	d'*U. thibetanus.*
Vulpes Donnezani.	de *V. vulgaris.*
Canis etruscus.	de *C. lupus.*
Hyæna arvernensis.	d'*H. fusca.*
Hyæna Perrieri.	d'*H. crocuta.*
Felis brevirostris.	de *F. caracal.*
Hippopotamus major race. . .	d'*H. amphibius.*

2. Par exemple :

Bos primigenius est une race	de *Bos taurus.*
Bison priscus.	de *B. bonasus.*
Elephas antiquus.	d'*E. indicus.*
Elephas priscus.	d'*E. africanus.*
Ursus priscus.	d'*U. arctos.*
Hyæna spelæa.	d'*H. crocuta.*
Felis spelæa.	de *F. leo*

vidu; de même que nous suivons le développement d'un individu à ses différents âges, nous suivons le développement du monde animé à travers les phases de son existence que nous appelons les époques géologiques[1].

Lorsqu'un vieillard éprouve le poids des ans, il sent bien que sa jeunesse s'est enfuie, mais à quel moment a-t-il passé de l'enfance à la jeunesse, puis à l'âge mûr et à la vieillesse? Il ne le sait point; les phases de sa vie se sont déroulées peu à peu. Il en a été de même pour l'ensemble des êtres. Le monde n'a plus aujourd'hui la physionomie qu'il avait autrefois; dans quels instants a-t-il passé de son état primaire à son état secondaire, de celui-ci à son état tertiaire, de celui-ci à son état quaternaire ou actuel? Nul ne peut le dire; le changement des êtres a été lent et continu.

Le développement de l'homme, c'est-à-dire de l'être par excellence, dans lequel se résument les merveilles du monde animé, présente les phases suivantes :

1° Multiplication des parties constituantes; par exemple on voit apparaître de nombreux points d'ossification qui deviendront des os séparés.

2° Différenciation des parties. — A mesure qu'elles se multiplient, elles se différencient; ainsi des points d'ossification, semblables au début, vont se montrer

1. Dès 1862, Scipion Gras écrivait : *Il n'y a pas eu deux mondes vivants; le moderne n'est que la continuation de l'ancien.* (*Description géologique du département du Vaucluse, note sur les rapports des faunes fossiles avec l'âge des terrains*, in-8°, p. 559.)

différents : l'un sera humérus, un autre sera radius, un autre cubitus, etc.

3° Accroissement des parties. — En même temps qu'elles se multiplient et se différencient, elles grandissent.

4° Progrès de l'activité. — A côté des progrès matériels, il y a des progrès d'un ordre plus élevé; de l'existence passive enfermée dans le sein de sa mère, l'individu arrive à la vie active et il manifeste une énergie propre.

5° Progrès de la sensibilité. — La sensibilité augmente en même temps que l'activité et souvent la détermine.

6° Progrès de l'intelligence. — Enfin l'intelligence apparaît; venue la dernière, elle s'en ira la dernière avec la sensibilité et consolera le vieillard de l'affaiblissement de ses autres facultés.

L'histoire du monde animé, considérée dans l'ensemble des temps géologiques, est à peu près la même que l'histoire d'un homme dans sa courte vie. Nous étudierons successivement :

La multiplication des êtres à la surface du globe.

Leur différenciation.

Leur accroissement.

Les progrès de l'activité.

Les progrès de la sensibilité.

Les progrès de l'intelligence.

CHAPITRE II

DE LA MULTIPLICATION DES ÊTRES

Qu'est-ce que la vie? Pourquoi l'avons-nous reçue et pourquoi tant d'êtres l'ont-ils reçue avant nous? Nul ne le comprend, mais c'est un fait. Une quantité immense d'animaux existe aujourd'hui et a existé depuis une antiquité qui surpasse notre imagination. Tous sans doute ne sont pas venus à la fois : il est curieux d'apprendre comment le globe a été peuplé.

Je dirai d'abord que la multiplication des êtres a été facilitée parce que les premiers arrivés ont été mieux défendus et moins attaqués que leurs descendants. Je montrerai ensuite que la multitude des êtres a augmenté successivement pendant les temps géologiques.

La multiplication des êtres a été facilitée parce qu'à l'origine ils ont été très protégés.

Ainsi que l'histoire de l'humanité, l'histoire du monde animé nous montre le terrible dualisme si connu des philosophes de l'antiquité : la lutte du bien et du mal, de la formation et de la destruction, de la vie et de la mort. Les êtres ont une puissance de multiplication qui a rencontré celle de la destruction. La pre-

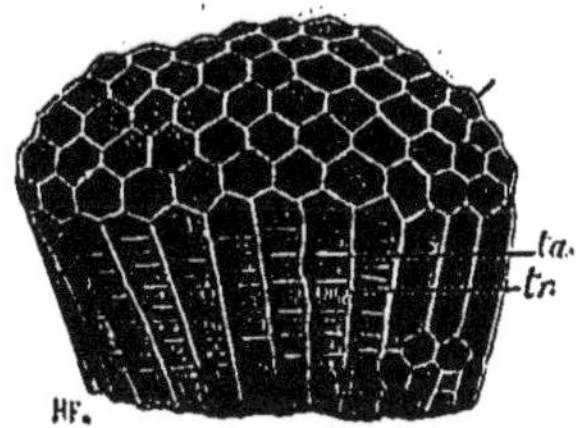

FIG. 11. — *Favosites gothlandica*, grandeur naturelle; *ta.* tables; *tr.* trous des murailles. — Dévonien de l'Amérique du Nord.

mière l'a emporté : les êtres anciens ont eu des moyens particuliers de défense qui leur ont permis de résister et de se multiplier.

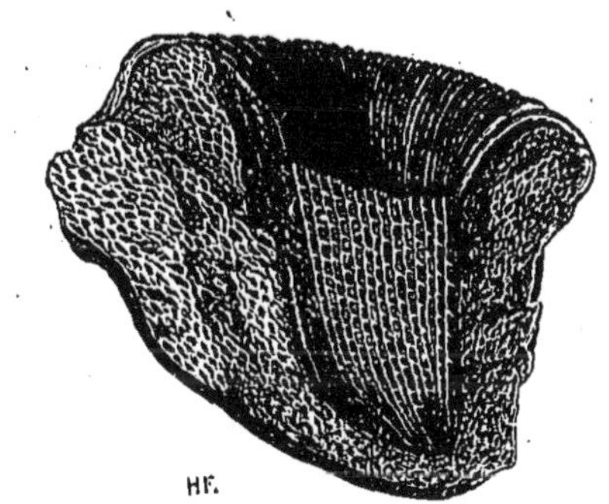

FIG. 12. — Coupe verticale de *Cyathophyllum heterophyllum*, grandeur naturelle; la plus grande partie du polypier est en tissu vésiculeux. — Dévonien de l'Eifel. (Collection zoologique du Muséum.)

Beaucoup de polypes primaires ont été des tabulés, c'est-à-dire des animaux abrités par leurs murailles et leurs tables (fig. 11). Un plus grand nombre ont été des rugueux (fig. 12) où la substance pierreuse était plus abondante encore que la substance vivante, et l'enveloppait detoute part dans un réseau vésiculeux. Il y en avait qui portaient un couvercle (*Calceola*, fig. 13); cette

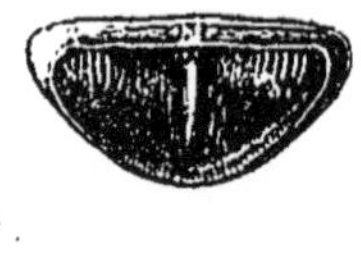

Fig. 13. — *Calceola sandalina*, grandeur naturelle; on voit à gauche une valve inférieure, au milieu la petite valve supérieure, et à droite un échantillon avec ses deux valves. — Dévonien de Gerolstein, Eifel. (Collection d'Orbigny.)

disposition extraordinaire a pendant longtemps empêché de croire que *Calceola* fût un cœlentéré.

Plusieurs des premiers échinodermes ont été tellement

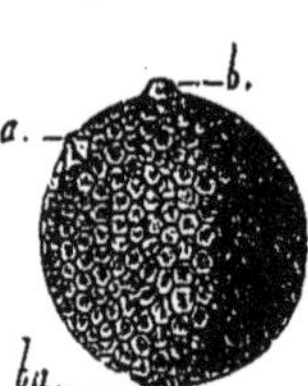

Fig. 14. — *Echinosphæra aurantium*, vue de côté, grandeur naturelle : *b*. bouche ; *a*. anus ; *ba*. base ; il y a un trou génital, mais on ne le voit pas de ce côté. — Silurien de Saint-Pétersbourg.

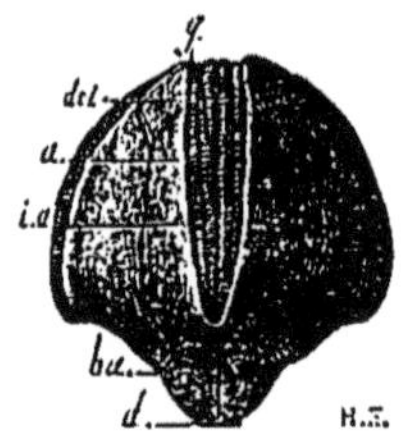

Fig. 15. — *Pentremites sulcatus*, vu de profil, aux 3/4 de grandeur : *d*. dernier segment de la tige ; *ba*. basales ; *del*. pièces deltoïdes : *g*. spiracules (trous génitaux) ; *a*. aires ambulacraires ; *i.a*. aires inter-ambulacraires. — Carbonifère des chutes de l'Ohio.

enfermés qu'on a imaginé pour eux le nom de cystidés[1] (fig. 14). Ceux qui sont appelés blastoïdes (fig. 15) ont été presque aussi bien enveloppés. Chez les crinoïdes

1. Κύστις, ιδος, boîte.

proprement dits, les viscères, au lieu d'être à nu, comme dans les genres des époques plus récentes, ont été couverts par une voûte.

Les brachiopodes articulés, très répandus dans les

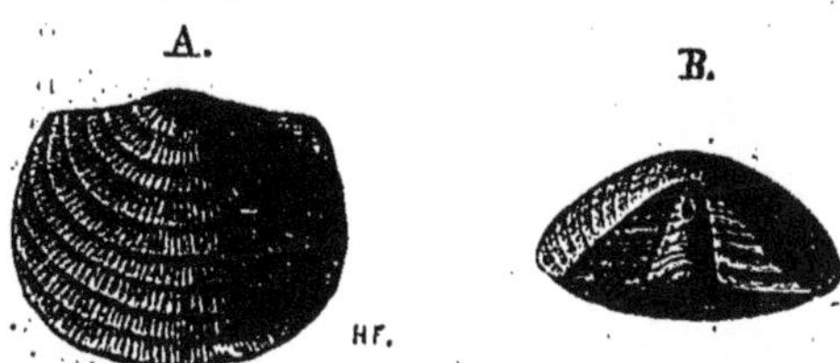

Fig. 16. — *Orthisina ascendens*, grandeur naturelle. A. vue sur la face dorsale; B. vue dans la région cardinale; on remarque dans le deltidium un très petit foramen. — Silurien inférieur de Saint-Pétersbourg.

mers primaires, ont leurs valves engrenées l'une dans l'autre, de sorte qu'elles se séparent difficilement (fig. 16); les paléontologistes savent qu'il est rare de trouver des valves de brachiopodes isolées. Ces animaux

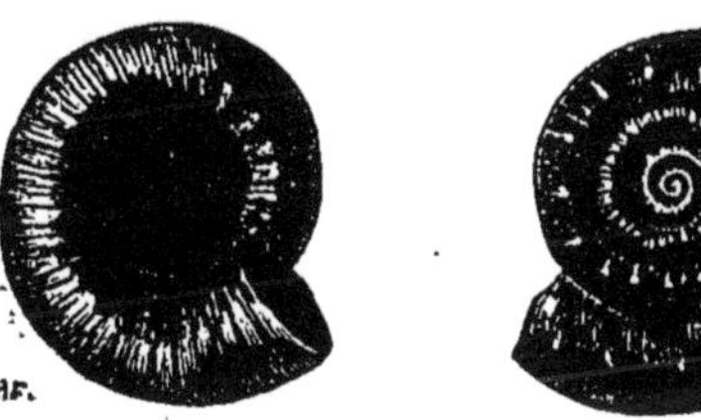

Fig. 17. — *Evomphalus tuberculatus*, vu en dessous et en dessus, grandeur naturelle. — Carbonifère de Tournay. (Collection du Muséum.)

ne pouvaient servir de proie à moins que leur test ne fût percé.

Les mollusques bivalves, les ptéropodes et les gastropodes, ont été et sont encore protégés le plus souvent par une coquille (fig. 17).

Les céphalopodes anciens ont été enfermés, et même chez plusieurs, tels que *Phragmoceras* (fig. 18) et *Gom-*

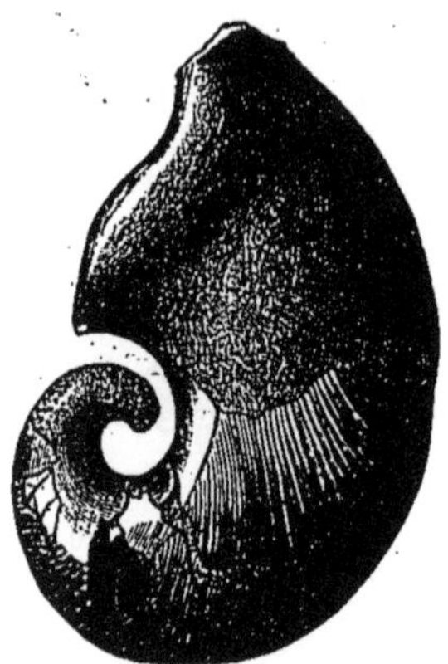

FIG. 18. — *Phragmoceras Broderipi*, au 1/3 de grandeur. — Silurien supérieur de Lochkov, Bohême Ét. c² de Barrande.

FIG. 19. — Moule interne de *Gomphoceras piriforme*, vu de côté, à 1/2 grandeur. — Silurien supérieur de Leintwardine, près Ludlow

phoceras (fig. 19), l'ouverture de la coquille, par laquelle l'animal se mettait en rapport avec le dehors, était

FIG. 20. — *Gomphoceras pollens*, vu en dessus, à 1/3 de grandeur (d'après Barrande). — Silurien supérieur de Bohême. Ét. c² de Barrande.

FIG. 21. — *Gomphoceras staurostoma*, vu en dessus, grandeur naturelle (d'après Barrande). — Silurien supérieur de Bohême. Ét. c² de Barrande.

très contractée. Je reproduis ici des dessins de Barrande (fig. 20, 21) pour montrer combien cette ouverture était étroite.

C'est seulement depuis l'époque du Lias qu'il y a des céphalopodes à corps complètement nu, comme les seiches et les calmars de nos mers. On observe chez eux un curieux moyen de diminuer les dangers auxquels leur nudité les expose : ils ont une poche à encre, et, quand ils sont inquiétés, ils la pressent de sorte que l'eau, noircie autour d'eux, leur permet de se dissimuler à leurs ennemis. Les poches à encre ne sont pas rares dans le Lias[1].

Le nom de crustacé indique un animal protégé par

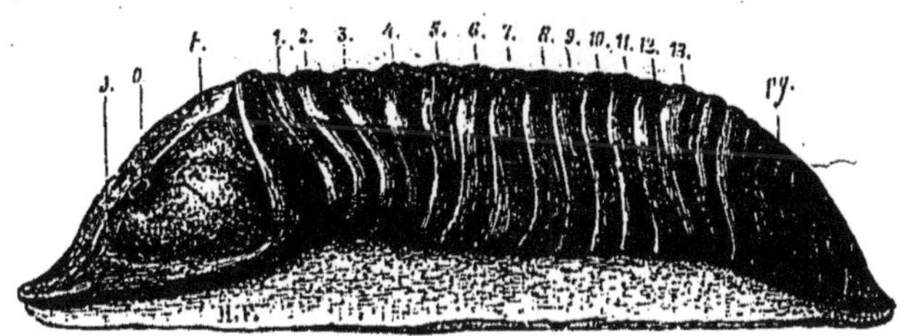

Fig. 22. — *Homalonotus delphinocephalus*, vu de profil, aux 2/3 de grandeur *t.* tête; *o.* œil; *s.* suture faciale; 1 à 13, segments du thorax; *py.* pygidium. — Silurien supérieur de Dudley. (Collection du Muséum.)

une carapace; or les temps anciens ont vu le règne des crustacés : trilobites (fig. 22), ostracodes, phyllocaridés, mérostomes. Tous ces enfermés ont été dans des conditions favorables pour se conserver.

Plusieurs des premiers poissons ont présenté cette singulière particularité qu'ils avaient des enveloppes

1. L'encre ou sépia des céphalopodes secondaires s'est conservée si parfaitement qu'on peut encore s'en servir pour faire des dessins à la sépia. Une fois, avant un cours du Muséum où je voulais montrer un de ces dessins, je remarquai qu'il était effacé. En quelques instants, mon assistant, M. Marcellin Boule, prit une poche à encre fossile, la broya dans un mortier, la mouilla et composa un croquis représentant une bélemnite vivante. Un dessin fait avec l'encre d'une seiche actuelle n'aurait pas plus de vigueur.

aussi dures que les crustacés; on en voit un exemple dans *Pterichthys* (fig. 23), où non seulement le dos et

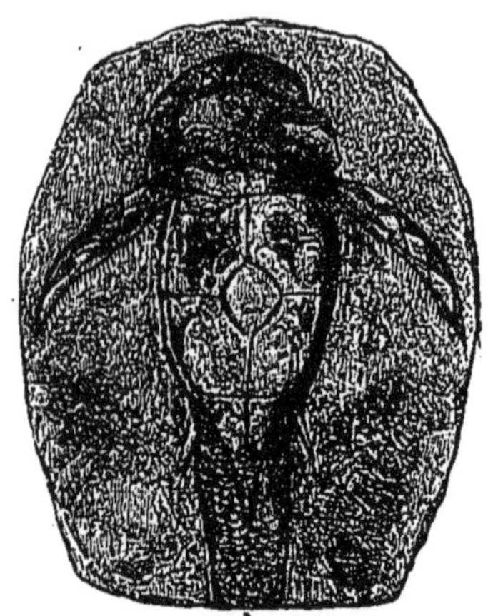

Fig. 23. — *Pterichthys cornutus*, à 1/2 grandeur, vu sur la face ventrale. Pour faire ce dessin, l'artiste s'est servi de l'empreinte et de la contre-empreinte — Dévonien du nord de l'Écosse. (Collection du Muséum.)

le ventre, mais aussi les bras étaient couverts de plaques solides. Les poissons osseux ont eu pendant long-

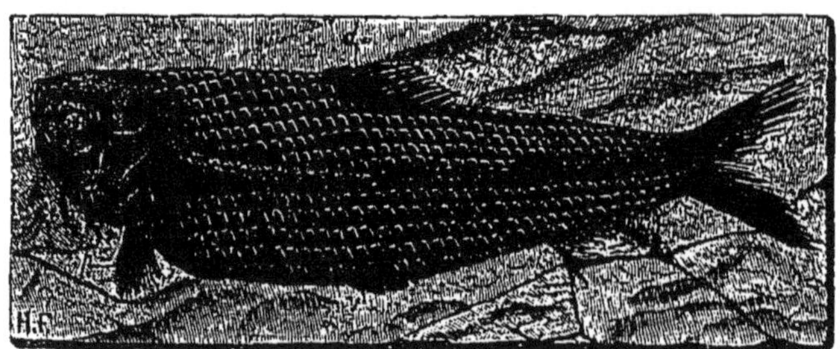

Fig. 24. — *Pholidophorus Bechei*, à 1/2 grandeur : *p.* pectorale ; *v.* ventrale *d.* dorsale ; *c.* caudale. On voit sur la ligne médiane un léger bombement qui indique la place de la colonne vertébrale. — Lias de Lyme Regis.

temps des écailles dures, brillantes, dites ganoïdes, formant une cuirasse impénétrable (fig. 24). Ce n'est que dans la seconde moitié de l'ère secondaire que leurs écailles ont cessé d'être osseuses.

FIG. 25. — Fragment du plastron de l'*Actinodon Frossardi*, avec les écailles, grandeur naturelle. Pour faire ce dessin, on s'est servi de l'empreinte et de la contre-empreinte. — Permien de Dracy-Saint-Loup.

Il est intéressant de noter qu'on rencontre dans les terrains primaires des reptiles dont le ventre est protégé par un plastron d'écailles ganoïdes (fig. 25) analogues à celles des poissons osseux. Leurs successeurs du Trias ont perdu ces écailles.

Les oiseaux et les mammifères, arrivés tardivement dans le monde, sont pour la plupart dépourvus d'enveloppe défensive. Comme ce sont des animaux à sang chaud, il leur faut des plumes ou des poils pour conserver leur chaleur; plus les pays qu'ils habitent sont froids, plus épaisse est leur couverture de plumes et de poils; mais, sauf quelques édentés, aucun ne porte de cuirasse dure.

L'homme a son corps complètement nu. Pourquoi aurait-il une armure? Tout nu, il a passé au milieu des mammouths, des grands lions; il a bien su se défendre; son génie est sa cuirasse.

La multiplication des êtres a été facilitée parce qu'à l'origine ils ont été moins attaqués.

Les anciens êtres ont été non seulement mieux défendus, mais encore ils ont été moins attaqués; les carnivores n'étaient pas autrefois aussi nombreux que de nos jours.

Les cœlentérés, les échinodermes, les brachiopodes, les trilobites, les mollusques bivalves n'ont pu être de grands destructeurs. Dans nos mers, il y a beaucoup de gastropodes carnivores; il n'en était pas ainsi à l'époque primaire. Les genres caractéristiques de cette époque sont des herbivores que leur bouche entière sans échancrure, ni siphon a fait nommer holostomes (fig. 26). Les siphonostomes (fig. 27) ont été très rares dans le

Primaire; ils se sont multipliés plus tard. La plupart sont des carnivores. Il en est qui, avec leur trompe

FIG. 26. — *Macrocheilus sub-costatus*, grandeur naturelle. — Dévonien de Paffrath, Prusse rhénane.

FIG. 27. — *Soleniscus typicus*, grandeur naturelle. — Carbonifère de l'Illinois.

armée de dents, font dans le test des mollusques des trous ronds par lesquels ils sucent leur chair[1]; ces traces

FIG. 28. — Coquille d'*Ancillaria olivula* perforée par un gastropode, grandeur naturelle — Ét. parisien.

FIG. 29. — Coquille de *Cerithium striatum* (*nudum*) perforée par un gastropode, gr. nat. — Ét. parisien.

se voient souvent sur les coquilles tertiaires (fig. 28, 29); on n'en observe pas sur les coquilles primaires. D'au-

1. Ils appartiennent à la tribu des rhachiglosses. Cette tribu comprend le *Murex erinaceus* ou cormaillot, qui ravage les huîtrières, les buccins, les harpes, les olives, les fuseaux, les volutes, les mitres, etc.

tres gastropodes[1] sont, dans le monde des mollusques, ce que sont les vipères dans le monde des reptiles ; ils ont une glande chargée de sécréter du venin avec lequel ils empoisonnent leur proie. Ces genres venimeux, très répandus dans les terrains tertiaires et les mers actuelles, ne se trouvent pas dans les couches anciennes.

Les céphalopodes, qui aujourd'hui ont des becs et des bras garnis de griffes ou de cupules formant ventouses, sont de redoutables destructeurs. Ils n'étaient pas ainsi armés autrefois; on n'a pas encore découvert des bras avec griffes au-dessous du Lias. Des becs calcaires de nautilidés ont été trouvés dans les terrains secondaires (fig. 30), mais non dans les terrains primaires, quoique les coquilles de ces animaux soient en profusion dans plusieurs gisements[2]. Il semble même que les ammonitidés n'aient pas eu des becs calcaires, puisqu'on n'en a jamais rencontré.

Fig. 30. — Partie calcaire d'une mandibule du *Nautilus giganteus*, grandeur naturelle. — Corallien de Tonnerre.

De tout temps les poissons de mer ont dû manger principalement des animaux, car autrement ils n'auraient pu se nourrir; toutefois il est à noter que les squales, qui sont les plus grands carnivores, n'ont apparu que tardivement. Si le *Carcharodon megalodon*, qui avait des dents hautes de 0m,15, présentait les mêmes proportions que les requins dont les dents ont 0m,05, il devait avoir 13 mètres de long ; ce gigantesque destructeur n'a vécu qu'à partir du Tertiaire moyen.

Les reptiles ont été pour la plupart des carnivores[1], mais leurs carnages n'ont pas été tels qu'on pourrait le supposer d'après leur nombre et leur grandeur[2]. D'abord, je ferai remarquer que les plus redoutables d'entre eux ne sont arrivés que dans les temps secondaires[3], alors que le monde organisé était déjà très avancé dans son développement. En second lieu, nous constatons que ceux dont la taille a été la plus extraordinaire[4] ont été des herbivores sans doute inoffensifs. Plusieurs même des carnivores ont dû être peu destructeurs, dévorant des cadavres aussi bien que des bêtes vivantes. Delegorgue prétend que les crocodiles conservent plus de créatures qu'ils n'en détruisent ; il a écrit[5] : « *S'il n'exis-*

1. L'*Actinodon* du Primaire, les labyrinthodontes du Trias, l'*Ichthyosaurus*, le *Pliosaurus*, le *Plesiosaurus*, le *Megalosaurus*, le *Pterodactylus* du Jurassique, le *Mosasaurus*, le *Liodon*, le *Polyptychodon*, le *Lælaps* du Crétacé, et bien d'autres reptiles ont mangé des animaux.

2. La préservation des anciens végétaux pourrait donner lieu à des remarques analogues à celles que je présente sur la préservation des animaux. Nous ne connaissons pas dans l'ère primaire des êtres qui aient pu produire des ravages de plantes comme en font dans nos campagnes les cerfs, les chevreuils, les lapins. A en juger par leur tête et leurs mâchoires, très petites comparativement à l'ensemble du corps, les *Iguanodon* et les autres dinosauriens n'ont pu dévorer des masses de végétaux comparables à celles que détruisent les éléphants, dont les dents forment d'énormes râpes. Dans sa *Fauna of British India*, M. Blanford dit que, d'après les expériences de Sanderson, un éléphant adulte consomme par jour de 600 à 700 ll. de fourrage vert ; ce chiffre me semble extraordinaire.

3. Les dinosauriens carnivores n'ont paru que dans l'époque triasique ; le règne des *Ichthyosaurus*, *Pliosaurus* ne date que des temps jurassiques, et celui des *Mosasaurus* que des temps crétacés.

4. *Atlantosaurus*, *Brontosaurus*, *Iguanodon*.

5. Ouvrage cité, vol. I, p. 126.

tait pas de crocodiles, les débris putréfiés s'accumulant à l'embouchure des rivières... il en résulterait pour les hommes des maladies pestilentielles qui enlèveraient infiniment plus de personnes que tous les crocodiles de la terre. »

On sait d'ailleurs que les animaux à sang froid mangent beaucoup moins que ceux à sang chaud. M. Vaillant a publié d'intéressantes informations sur la ménagerie des reptiles du Muséum dont il a la direction. Il raconte qu'un boa du Brésil, l'Anacondo, long de 6 mètres, bien portant, n'a fait en 6 ans et ½ que 34 repas, soit 5 en moyenne par an[1]. Il m'apprend aussi que les 36 crocodiliens du Muséum consomment en moyenne par jour 11 kilogrammes de viande, ce qui fait pour chaque jour et chaque animal la somme de 300 grammes; c'est peu comparativement à ce que mangent les mammifères. M. Sauvinet me dit que, dans la ménagerie des bêtes féroces du Muséum, il compte en moyenne 3 kilogrammes de viande pour une hyène, autant pour une panthère et 5 kilogrammes pour un lion[2].

J'ai été frappé de voir que tous les grands reptiles du Permien d'Autun[3] (fig. 31) ont eu, comme les *Ichthyosaurus* du Lias (fig. 32), des coprolites d'une forme spirale qui indiquent un intestin muni de valvules. Ces valvules

1. Ce serpent a mangé, en 1889, un bouc, quatre chevreaux, soit 31 kilogrammes; en 1890, cinq chevreaux, soit 40 kilogrammes; en 1891, un bouc et trois chevreaux, soit 27 kilogrammes (Recherches biologiques faites à la Ménagerie des reptiles. — *Nouvelles archives du Mus.. d'hist. nat.*, série 3ᵉ, vol. IV, p. 229, 1892).

2. Les hyènes dévorent les os, mais les lions et les panthères les laissent intacts, de sorte qu'il faut déduire le poids des os sur les 5 kilogrammes des lions et les 3 kilogrammes des panthères.

3. *Actinodon*, *Euchirosaurus*, *Stereorachis*, *Haptodus*, *Callibrachion*.

retardent le passage des aliments et leur donnent plus de temps pour introduire dans l'économie leurs éléments nutritifs, avant que le surplus de la digestion soit expulsé. Il semble résulter de là que les animaux dont les intestins ont des valvules spirales, n'ont point besoin pour s'alimenter d'une aussi grande quantité de nourriture et que, par conséquent, ils font moins de victimes.

FIG. 31. — Coprolite qui provient peut-être de l'*Actinodon Frossardi*, grandeur naturelle. — Permien de Dracy-Saint-Loup, près Autun.

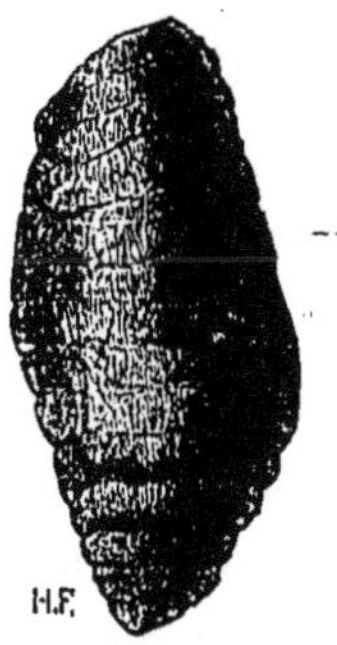

FIG. 32. — Coprolite qui provient sans doute d'un *Ichthyosaurus*, à 1/2 grandeur. — Lias de Lyme Regis. (Collection du Muséum.)

Enfin nous devons noter que plusieurs reptiles secondaires ont été vivipares. Je reproduis (fig. 33) la gravure d'un *Ichthyosaurus* de notre Musée du Jardin des plantes, avec un petit dans son ventre, la tête tournée contre l'anus, prêt à sortir. M. Pumpecki m'a fait voir dans le Musée de Munich un *Ichthyosaurus* qui a dans son ventre huit fœtus dont la tête est au contraire tournée à l'opposé de la queue. Les Musées du Wurtemberg possèdent divers individus d'*Ichthyosaurus* avec un ou plusieurs petits. Il se pourrait aussi que les dinosauriens carnivores eussent été vivipares; on observe sur le *Compsognathus* du Musée de Munich des débris d'un petit animal placé sous son ventre et on s'est demandé si ce n'était pas un fœtus de ce dinosaurien. Il est manifeste que la viviparité diminue beaucoup la reproduction. L'habile et regretté embryogéniste, Gerbe, m'a montré à Concarneau un Ange (*Squatina*), qui, pendant neuf mois, portait cinq petits dans son ventre, tandis que, durant le même laps de temps, une Roussette pondait deux œufs tous les huit à dix jours, ou 60 environ pour les neuf mois.

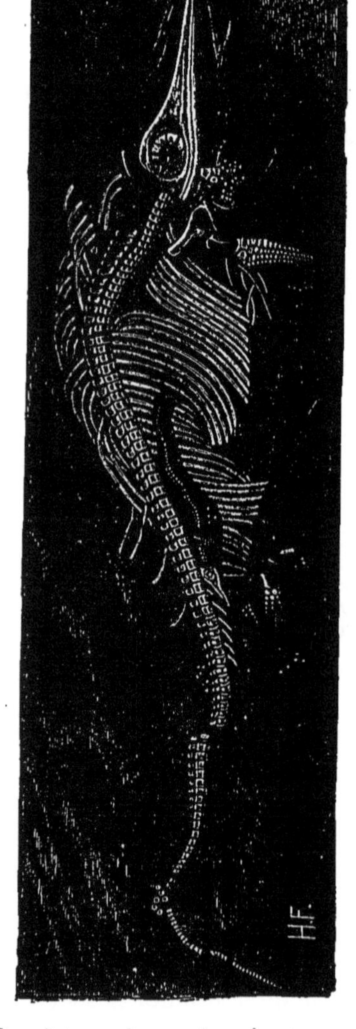

FIG. 35. — Squelette d'un *Ichthyosaurus tenuirostris*, avec un petit dans son ventre, au 1/14 de grandeur Lias supérieur d'Holzmaden (Collection du Muséum.)

Comme l'étude des reptiles secondaires, celle des mammifères tertiaires montre que les bêtes de proie n'ont pas entravé le développement du monde animé. Les mammifères les plus puissants étaient inoffensifs. Les premiers carnivores de grande taille ont été ceux que M. Cope a nommés les créodontes; ils ont dû pour la plupart manger surtout des cadavres, à en juger par l'usure de leurs dents (fig. 34) qui rappelle l'état où l'on trouve souvent

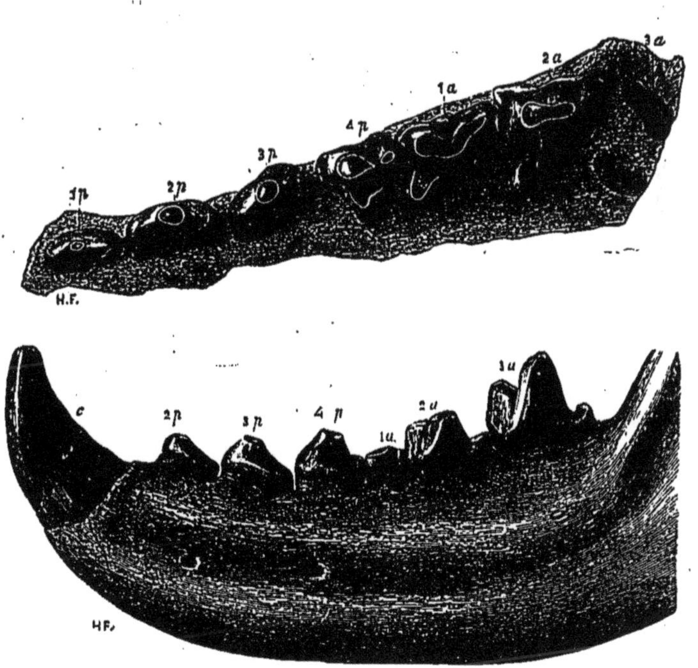

Fig. 34. — Mâchoires supérieure et inférieure gauches du *Pterodon dasyuroides*, aux 3/4 de grandeur; leurs dents sont très usées : *c.* canine; 1*p.*, 2*p.*, 3*p.*, 4*p.* prémolaires; 1*a.*, 2*a.*, 3*a.* arrière-molaires. — Lignite de l'Éocène supérieur de la Débruge.

les molaires des hyènes; leurs coprolites sont chargés de substance osseuse comme ceux de ces animaux. A l'époque oligocène, à côté des créodontes, se sont développés les *Amphicyon*, chez lesquels la dentition, plus omnivore que celle de leurs descendants les *Canis*, indique des mœurs moins sanguinaires. Les félidés les plus redoutables ne se sont multipliés qu'à partir de l'époque miocène, c'est-à-dire dans le temps où la classe des mammifères, parvenue à son apogée, a un excédent d'herbivores. Delegorgue, dans ses *Voyages en Afrique*, raconte que les grands troupeaux d'herbivores mangent tout sur leur passage, à tel point qu'à l'arrière-garde, il y a des sujets plus faibles qui deviennent très maigres parce qu'ils ne trouvent plus d'herbe; les bêtes féroces en les dévorant mettent fin à leurs souffrances; sans elles, toute végétation serait ravagée et les déserts grandissant n'offriraient plus qu'une nourriture insuffisante au monde animal.

Quant aux êtres qui vivent des produits de la végétation, ils n'ont pu se détruire beaucoup les uns les autres; car, sauf leurs batailles d'amour, ils n'ont guère eu de sujets de querelles, leur alimentation étant fort variée. Pikermi est une des régions où l'on a observé le plus grand rassemblement de mammifères fossiles sur un espace restreint; cependant, comme je l'ai expliqué dans mon ouvrage sur l'Attique, les différences de régimes étaient si bien graduées que chaque genre trouvait son bien sans avoir à envier celui de ses voisins. Au commencement du Tertiaire, les ongulés étaient surtout des omnivores, c'est-à-dire des animaux mangeant de tout, si faciles à nourrir qu'ils n'avaient pas besoin de changer de place. Quand ils se multiplièrent et que la plupart d'entre eux devinrent des herbivores, la lutte pour la vie aurait pu être terrible. Mais alors ils se transformèrent en bêtes rapides à la course; tandis que les créatures des temps primaires trouvaient leur salut dans la coquille où la cuirasse qui les recouvrait, celles de la fin de l'ère tertiaire et de notre époque cherchent pour la plupart leur salut dans la fuite.

On a dit que les êtres des divers âges géologiques ont eu, les uns avec les autres, des luttes où les plus forts ont vaincu les plus faibles, de sorte que le champ de bataille est resté aux mieux doués; ainsi le progrès serait la résultante des combats et des souffrances du temps passé. Telle n'est pas l'idée qui ressort de l'étude de la paléontologie. L'histoire du monde animé nous montre une évolution où tout est combiné comme dans les successives transformations d'une graine qui devient un arbre magnifique couvert de fleurs et de fruits, ou d'un œuf qui se change en une créature compliquée et charmante. Le têtard est certainement très inférieur au crapaud adulte qui se promène sur la terre ferme; mais il est bien constitué pour remplir ses humbles fonctions de têtard; grâce à ses branchies, il respire dans l'eau; sa queue aide ses mouvements aquatiques; ses longs intestins conviennent à son régime herbivore. Ainsi en a-t-il été des êtres anciens; leurs fonctions étaient moins élevées, mais leurs organes étaient en rapport avec leurs fonctions : tout était bien ordonné. Il ne faut pas croire que l'ordre soit sorti du désordre; le monde géologique n'a pas été un théâtre de carnages, mais un théâtre majestueux et tranquille.

Cette manière de concevoir la vieille nature donnera des déceptions à quelques personnes. Lorsque la théorie des soulèvements brusques a été proposée, elle a captivé beaucoup d'esprits qui aiment le terrible; on s'imaginait des commotions immenses, des déchirements du globe, les océans se précipitant sur les continents et détruisant tout[1]. Cela a paru grand; mais bientôt les géologues ont reconnu que c'était très exagéré, et, obligé d'abandonner la géologie des cataclysmes, on s'est rejeté sur la paléontologie, imaginant des luttes violentes dans le monde animé; on s'est représenté le *Machairodus* rugissant devant le *Dinotherium*, le *Megalosaurus* aux prises avec l'*Iguanodon*, etc. En réalité ces combats ont été des exceptions; il faut se figurer une grande nature où, comme de nos jours, tout était harmonie.

D'après cela, nous allons comprendre comment la multiplication des êtres n'a pas été entravée, et comment, après tant de siècles écoulés, la vie se répand encore de toute part, quelquefois triste, plus souvent joyeuse, toujours offrant le spectacle d'un épanouissement merveilleux.

La multiplication des êtres s'est produite successivement pendant le cours des âges géologiques.

Les géologues admettent que notre planète a eu d'abord une température élevée. Sans doute il y eut un temps où la chaleur était trop forte pour que des êtres

1. On a dépassé les idées d'Élie de Beaumont, car l'auteur de la théorie des soulèvements a écrit : « *L'extension géographique des soulèvements et leurs limites probables d'action ont été en général plus restreintes que la dispersion géographique des espèces. Il est bien difficile d'admettre que ces soulèvements aient détruit toute l'espèce.* » (Cité par Pictet, Traité de paléontol., vol. I, p. 79.)

pussent vivre. Il est donc probable que l'apparition de la vie a eu lieu après celle du règne minéral. Il est cependant permis de penser que l'existence des organismes inférieurs remonte très loin dans l'histoire de la terre, car nous savons aujourd'hui que des algues supportent une température élevée. Les eaux des geysers du parc de Yellowstone qui atteignent 85 degrés renferment des algues en profusion, comme viennent de le montrer les curieux travaux de M. Weed. En Islande M. Lindsay a rencontré des conferves dans des eaux si chaudes qu'un œuf y était cuit en cinq minutes.

On n'a, il est vrai, trouvé encore dans les plus anciens terrains sédimentaires ni algues, ni microbes. Mais il importe de remarquer que ces organismes ne se conservent à l'état fossile que dans des conditions exceptionnelles. Il a fallu tout le génie d'observation de M. Bernard Renault pour découvrir dans le Carbonifère et le Permien les microbes qu'il a dernièrement montrés à l'Académie et dont personne n'avait soupçonné la présence dans ces terrains sans cesse explorés par les industriels et les géologues.

Les *Eozoon* du Canada, qui ont fait tant de bruit dans le monde scientifique, sont regardés maintenant par la plupart des géologues comme de fausses apparences d'êtres organisés. M. Dawson a décrit *Archæospherina* du Laurentien du Canada; M. Matthew a cité *Cyathospongia* et *Halichondrites* du même système de couches. M. Cayeux a cru trouver dans le Précambrien de Bretagne des radiolaires, des foraminifères avec des spicules d'éponges. Les divers échantillons d'Amérique et de France ont sans doute des caractères difficiles à apercevoir, car un savant de Bonn, M. Rauff[1], conteste que ce soient des corps organisés. Il est pourtant peu vraisemblable que des observateurs habiles aient imaginé complètement des dessins de genres variés et bien définis.

Il n'y a plus de doutes pour le Cambrien. Quelques paléontologistes, notamment Barrande en Europe et M. Walcott en Amérique, y ont signalé de nombreux fossiles. Néanmoins nous pouvons dire que leur abondance n'est pas en proportion de l'épaisseur des couches et du temps immense qu'elles représentent.

Dans le Silurien, les vestiges de la vie se multiplient : les calcaires de Dudley sont pétris de fossiles; M. Barrande m'a conduit dans des gisements de la Bohême où l'on ramasse des orthocères ainsi que dans nos terrains parisiens on récolte des cérites; j'ai vu en Russie des falaises siluriennes remplies aussi d'orthocères; en Bretagne MM. Édouard et Louis Bureau m'ont montré les *cercueils* de la Hunaudière dans chacun desquels est un morceau fossile, souvent un trilobite entier. En Suède et en Amérique, les terrains siluriens ont quelques gisements très fossilifères.

Les autres terrains primaires ne renferment pas moins d'invertébrés; en outre, nous y trouvons parfois de nombreux vertébrés comme à Lethen-Bar en Écosse, où on a rencontré tant de miches contenant un *Pterichthys* et à Muse près d'Autun, où chaque feuillet de schiste offre des poissons et des coprolites de reptiles.

1. Hermann Rauff, *Ueber angebliche Organismenreste aus präcambrischen Schichten der Bretagne* (*Neues Jahrbuch für Mineralogie*, 1896).

Quand nous quittons l'étude du Primaire pour aborder celle du Secondaire, nous constatons beaucoup d'absences. En même temps nous apercevons une multitude de formes nouvelles. Les sources de la vie, au lieu de s'épuiser, grandissent toujours. D'Archiac avait pensé qu'à l'époque du Trias, il y avait eu diminution, les êtres primaires ayant en grande partie disparu et les êtres secondaires n'ayant pas encore pris tout leur essor. Mais les vastes ouvrages de Mojsisovics viennent de nous apprendre que le monde des invertébrés triasiques était d'une extrême richesse.

Dans les temps jurassiques, le nombre des animaux devait surpasser celui des créatures primaires. Les récifs du Corallien de la France étaient plus importants que ceux du Dévonien de Belgique. L'abondance des *Exogyra virgula* dans les falaises de Boulogne est prodigieuse. Sur beaucoup de points on trouve des accumulations d'ammonites, de bélemnites, de mollusques de toute sorte. Solenhofen en Bavière et Holzmaden dans le Wurtemberg semblent des mines inépuisables de fossiles. Eudes Deslongchamps a évalué à 450 les squelettes des téléosauriens réunis dans la pierre de Caen sur un petit espace. Chacun sait combien de découvertes ont été faites depuis quelques années dans le Jurassique américain. A l'époque crétacée, les êtres paraissent avoir été aussi nombreux.

Lorsque nous arrivons dans le Tertiaire, nous ne remarquons pas moins d'absences que lorsque nous avons passé du Primaire au Secondaire. Il n'y a plus d'ammonites, de bélemnites, de rudistes, de dinosauriens, de ptérosauriens, d'ichthyosauriens, etc. Si nous pensons à tous ces disparus, nous pouvons croire que les forces vitales diminuent. Mais, si nous regardons les nouveaux venus, nous trouvons des êtres de plus en plus serrés les uns contre les autres : la vie grandit encore. Les nummulites, les milioles et d'autres foraminifères forment par leurs accumulations des couches puissantes. L'Éocène de Paris, le Miocène de Bordeaux, le Pliocène d'Asti sont pétris de coquilles de mollusques. Les marnes d'Œningen, l'ambre de la Baltique renferment des insectes de toutes sortes. Monte Bolca est une étonnante réunion de poissons. Pendant les temps oligocènes, le lac de Saint-Gérand-le-Puy et ses rives ont nourri d'innombrables canards, des mouettes, des pélicans, des troupes de flamants, de *Palælodus*, d'ibis et de grues, des passereaux, des rapaces diurnes et nocturnes. Il y a eu quelques bandes de *Paloplotherium* dans l'Éocène, de *Prodremotherium*, de *Dremotherium*, d'*Hyopotamus*, de *Cainotherium*, etc., dans l'Oligocène. Cependant ce n'est guère avant le Miocène que les grands troupeaux ont été constitués; les dicrocères de Sansan, les hipparions, les gazelles, les tragocères de Pikermi et du Léberon ont laissé des enchevêtrements d'ossements qu'on ne voit pas dans les terrains d'âge plus ancien.

A l'époque quaternaire, les animaux étaient encore nombreux dans notre pays; M. Sirodot a recueilli les restes d'une centaine d'éléphants au Mont Dol en Bretagne. Selon M. de Mortillet[1], Solutré, près de Mâcon,

1. De Mortillet, *Le Préhistorique*, p. 382, 1883.

renferme les dépouilles de quarante mille chevaux; les os de ces animaux ont été trouvés dans les cavernes de Belgique en telle quantité que le nom d'hippophages a été donné à leurs habitants. Les débris de rennes se rencontrent en profusion dans les abris-sous-roche des Pyrénées, de l'Angoumois, du Périgord, et même auprès de Paris, à Montreuil. A l'époque où j'ai visité la grotte de l'Herm, chaque coup de pioche faisait apparaître une pièce d'*Ursus spelæus*; il y a en Allemagne et en Angleterre des cavernes remplies de débris d'hyènes et d'ours.

Pour compléter cette étude de la multiplication des êtres, je vais jeter un regard sur ceux qui vivent encore. Ainsi pourrons-nous comparer l'état présent du monde animé avec ses états antérieurs.

Le rôle des organismes inférieurs est immense. La vie est partout. Les microbes sont en nombre indéfini. Des roches que l'on croyait d'abord appartenir uniquement au domaine de la minéralogie, entrent pour une bonne part dans le domaine de la biologie. Par exemple un des plus grandioses spectacles offerts dans le parc national des Montagnes Rocheuses est celui des terrasses de travertin des Mammoth Hot Springs; or voici que M. Weed[1] nous déclare que leur formation est surtout l'œuvre d'algues qui, fixant l'acide carbonique des eaux chargées de carbonate de chaux, amènent la précipitation du calcaire. Quand de Mammoth Hot Springs on se

1. M. Weed dit que les premières recherches importantes sur le rôle des végétaux pour la formation des travertins ont été faites en 1862 par M. Cohn.

rend dans la région des Geysers, on voit, au lieu de dépôts de calcaire, des dépôts de silice qui rendent cette région blanche comme neige; la silice est fixée aussi par des algues; ce qu'on prend parfois pour de la silice gélatineuse n'est qu'une matière végétale[1].

Comme les plantes, les animaux inférieurs sont si nombreux sur quelques points qu'ils contribuent à la formation des roches. Plancus, selon d'Archiac, a calculé que trois grammes de certains sables de la mer des Antilles renferment 480 000 coquilles de foraminifères. M. Schlumberger, dans la vase de l'Atlantique rapportée par l'expédition du *Travailleur*, constate 116 000 coquilles de foraminifères par centimètre cube.

Les polypes construisent des atolls, des récifs frangés et même des îles; si les fonds des mers étaient mis à découvert, on verrait sans doute des roches coralliennes non moins étendues que celles de l'étage secondaire appelé Coral-rag.

On dit que les coquilles d'*Ethria* forment au Sénégal de telles couches qu'elles sont exploitées pour la fabrication de la chaux et que, près de la Nouvelle-Orléans, sur les bords du lac Pontchartrain, les *Gnathodon* constituent un banc de 7 kilomètres de long sur 60 mètres de large et 5 mètres de haut.

M. Sauvage, auquel on doit d'importants travaux sur les animaux marins, a bien voulu me donner les renseignements suivants : le nombre des huîtres enregistré

1. Les études si originales de MM. Bertrand et Renault sur les bogheads d'Autun et de l'Australie ont montré que, dès les temps primaires, les algues gélatineuses ont formé des assises de l'écorce terrestre.

dans la statistique du Ministère de la marine pour une seule année, atteint le chiffre prodigieux[1] de 1 milliard, 407 millions 390400. Dans la même année, on compte 651 500 hectolitres de moules et 248 000 hectolitres de mollusques autres que les moules et les huîtres. M. Sauvage évalue à 2 millions 200000 les homards ou langoustes et à 16 milliards les crevettes (crangons et palémons), à 1 million 80000 les sardines, à 400 millions les harengs (toujours en une seule année). La morue, le maquereau et la marée fraîche représenteraient aussi des quantités considérables. Les cordiers et chalutiers du seul port de Boulogne, pendant une période de neuf années, ont pris 65 millions de kilogrammes de poissons. Les statistiques d'autres pays, tels que la Grande Bretagne, la Norvège et Terre-Neuve, ne donneraient pas des chiffres moins considérables. Cela montre quelle richesse de vie se cache sous les flots des mers actuelles.

Bien que les reptiles soient beaucoup moins variés à notre époque que dans les temps secondaires, ils sont encore nombreux sur certains points. Suivant Alcide d'Orbigny, les caïmans sont répandus par milliers dans la province de Moxos. M. Vaillant, dans un mémoire sur les tortues éteintes de l'île Rodriguez[2], a cité ce passage d'une relation de Leguat qui prouve la prodigieuse quantité de tortues en 1708 : « *On en voit quelquefois des troupes de deux mille et trois mille, de sorte que l'on peut faire plus de deux cents pas sur leur dos, sans mettre le pied à*

1. Dans ce chiffre sont comprises les huîtres provenant de la pêche des gisements naturels et celles obtenues par l'ostréiculture.

2. *Centenaire de la fondation du Muséum d'histoire naturelle*, p. 265, in-4°, Paris, 1893.

terre. » M. A. Milne Edwards a découvert dans les archives du Ministère de la marine une statistique d'après laquelle trente mille tortues furent enlevées en une année et demie de l'île Rodriguez pour l'approvisionnement de Maurice et de la Réunion[1]. Les serpents venimeux sont si communs dans l'Inde que M. Sauvage[2] dit : « *en comparaison d'eux, les tigres et les panthères ne sont que des êtres inoffensifs* » ; d'après des documents officiels, plus de 19000 personnes ont péri dans l'Inde en 1880 par la morsure des serpents et plus de 18 000 en 1881.

Les animaux à sang chaud surtout se multiplient à notre époque. Livingstone[3], dans le pays des Makolobos, a rencontré plus de trente espèces différentes d'oiseaux, notamment des centaines d'ibis, des files de trois cents pélicans, des myriades de canards, beaucoup d'oies, de hérons, de kalas, de becs-croisés, de marabouts, de spatules, de flamants, une énorme quantité de mouettes et de grues. Delegorgue a fait aussi des peintures qui montrent la richesse des oiseaux; il parle de 500 à 1 000 vautours sur un seul cadavre d'éléphant : « *Rien*, dit-il[4], *n'est plus curieux pour le chasseur que de voir à son approche s'élever tournoyant dans l'air, cette masse d'êtres emplumés qui forme au-dessus de lui une espèce d'immense dais mobile.* » Alcide d'Orbigny[5] dans son voyage en Bolivie, descendant le Mamore, trouve ses rives animées par

1. Vers 1770, les tortues étaient devenues rares dans l'île Rodriguez.
2. Sauvage, dans Brehm, *Reptiles*, p. 400.
3. Livingstone, p. 184.
4. Delegorgue, *Voyage dans l'Afrique australe*, vol. I, p. 504.
5. Alcide d'Orbigny, *Fragment d'un voyage dans l'Amérique méridionale*, p. 509.

une quantité innombrable d'oiseaux de rivage : « *Le tantale, par troupes de quelques milliers, se promenait à pas lents sur les parties vaseuses, en compagnie de la spatule rose ou des blanches aigrettes, tandis que les bancs de sable étaient couverts de becs-en-ciseaux et d'hirondelles de mer... mêlés à beaucoup d'engoulevents.* » Dans le pays des Chiquitos, d'Orbigny rencontre « *le cardinal et les caciques qui possèdent des qualités rarement réunies, la mélodie et l'éclat du plumage. Des toucans font résonner les bois de leurs accents aigus qui se mêlent aux cris désagréables des perroquets d'une multitude d'espèces et des aras rouges et jaunes.... Les bois retentissent des cris cadencés des pénélopes, des hoccos; par ses cris à heure fixe le Kamichi cornu sert d'horloge aux Indiens.* »

L'abondance des mammifères est encore plus extraordinaire que celle des oiseaux. Livingstone mentionne une bande de plus de quarante mille euchores[1]. Delegorgue[2] décrit ainsi une rencontre qu'il fit de ces antilopes : « *La poussière volait et dans cent directions formait d'épais nuages; parfois elle s'élevait en colonnes tournoyantes à 100 et 200 pieds de hauteur.... Je ne tardai pas à reconnaître des troupes innombrables de Spring-boken qui soulevaient ces tourbillons.... Cette vue m'étonna suffisamment pour me questionner moi-même et m'assurer que ce n'était pas une vision; c'étaient des bandes de trois à dix mille individus, chacune se croisant à la course sur tous les points à la fois.* »

Le même voyageur parle aussi de grands troupeaux de

1. Livingstone, p. 118.
2. Delegorgue, vol. I, p. 67.

gnous, de cannas ; il signale des bandes de mille à quinze cents buffles.

Allen[1], dans son admirable ouvrage sur les bisons d'Amérique, donne de curieux détails sur l'importance qu'ont eue leurs troupeaux et sur leur extinction. Assurément cette extinction n'est pas aussi triste que celle des pauvres Indiens, qui est une des hontes de l'humanité; néanmoins c'est grand'pitié de voir les hommes employer leur génie pour détruire tant de précieuses créatures. Entre 1870 et 1875, deux millions et demi de bisons ont été tués annuellement; cela ferait pour un siècle cinquante millions[2].

Les solipèdes abondent à notre époque. Delegorgue[3] a vu en Afrique des bandes de 400 à 500 couaggas. M. Blanford[4] dit que le docteur Aitchison a rencontré dans l'Afghanistan un troupeau de 1000 hémiones. Brehm[5] prétend que, selon Youatt, le nombre des chevaux pour toute la Russie est approximativement de 20 millions de têtes. On sait avec quelle rapidité les chevaux laissés libres se sont multipliés en Amérique.

Les éléphants sauvages finiront par être anéantis par l'homme; cependant ils sont encore nombreux dans quelques régions. Speeke[6] raconte qu'étant sur les bords

1. Allen, *The American Bisons*, p. 191. Cambridge, 1876.

2. Dans l'Inde, les ruminants ne forment pas d'aussi grandes troupes. Il paraît pourtant que le joli cerf Axis vit en bandes qui parfois comprennent plusieurs centaines d'individus.

3. Delegorgue, ouvrage cité, vol. II, p. 46.

4. Blanford, ouvrage cité, p. 471.

5. Brehm, *Mammifères*, vol. II, p. 403.

6. Speeke, *Les sources du Nil, Journal d'un voyage de découvertes* (*Tour du monde*, p. 364, 1864, 1er semestre).

du Nil, il se vit *au milieu d'un troupeau de plusieurs centaines d'éléphants.* Delegorgue[1] a estimé à 600 le nombre d'éléphants rassemblés sur un espace de trois milles de diamètre, dans le pays des Amazoulous.

Les rongeurs ont une force de propagation surprenante. Voilà longtemps que cette force de propagation est mise à profit pour faire fortune; on prétend que 24 lapins donnent par an 720 lapins et qu'en doublant ce chiffre on peut avoir 1000 francs de rente. Peut-être cette assertion est exagérée, mais ce qui est certain, c'est que les lapins se reproduisent avec une facilité singulière. En 1862, M. Austin a apporté des lapins en Australie pour le plaisir de la chasse; cette importation a été un désastre; les lapins se sont tellement multipliés que des milliers d'hectares sont ravagés et des milliers d'hommes ruinés. Suivant une statistique faite il y a trois ans, on aurait compté du sud de Victoria au nord de Queensland 20 millions de lapins[2].

Brehm dit qu'on a détruit en quinze jours dans le canton de Saverne un million et demi de campagnols (*Arvicola arvalis*) et qu'une fabrique de Breslau ayant proposé un centime par douzaine de campagnols, quelques paysans en livrèrent 1400 par jour. Charles Martins a donné de curieux détails sur les troupes immenses des lemmings de Norvège (genre *Myodes*).

Dans les Montagnes Rocheuses, j'ai été frappé de la

1. Delegorgue, ouvrage cité, vol. I, p. 490.
2. Voir, à ce sujet, un article de M. Loir, intitulé : *Lapins en Australie*, qui a paru dans la Revue scientifique, 29 avril 1893.

multitude des écureuils; nous en rencontrions à chaque pas en traversant les régions boisées.

Alcide d'Orbigny raconte qu'au Carmen de Moxos, il faillit être suffoqué dans sa maison par l'odeur du musc. Cette odeur était due à des milliers de chauves-souris qui se tenaient pendant le jour sous les toits[1].

Les mammifères marins, avant qu'ils eussent été poursuivis activement par l'homme, étaient aussi très nombreux. Buffon dit[2] qu'en 1704, près de l'île de Cherry, à 75 degrés de latitude, l'équipage d'un navire anglais rencontra un troupeau de plus de mille morses.

En résumé, nous voyons que la multiplication des individus de la plupart des grandes familles et des ordres n'a pas été indéfinie. Aussi bien que chez les individus, il y a dans les familles et les ordres une certaine somme de vie qui n'est pas dépassée. L'épuisement d'un type a été en général d'autant plus complet que son épanouissement a été plus magnifique[3]. Les branches les plus puissantes telles que celles des trilobites, des crinoïdes, des brachiopodes, des nautilidés, des ammonitidés, des rudistes, des labyrinthodontes, des dinosauriens, des ichthyosauriens, des ptérosauriens, des proboscidiens, des singes n'ont persisté que pendant une partie des âges du monde.

1. Alcide d'Orbigny, *Voyage dans l'Amérique méridionale*, vol. III, Historique, p. 83.
2. Buffon, *Histoire naturelle*, vol. VIII, p. 451.
3. Schimper a fait des remarques analogues sur les végétaux (*Traité de Paléontologie végétale*, p. 57, 1869).

Malgré la multitude des êtres qui ont disparu aux diverses époques, je pense que la somme des apparitions a surpassé celle des extinctions jusqu'à la fin de l'époque miocène. Je n'ose pas assurer que depuis cette époque il ne s'est pas produit quelque diminution ; mais ce qu'on peut affirmer c'est qu'il y a de nos jours une fécondité prodigieuse.

CHAPITRE III

DE LA DIFFÉRENCIATION DES ÊTRES

Si un artiste compose une série de variations sur un même motif, nous pouvons dire qu'il a du talent. Lorsque, au lieu de simples variations, il invente des airs différents les uns des autres, nous pensons que c'est un génie créateur.

En parcourant la série des âges géologiques, les paléontologistes rencontrent beaucoup de différences de genres et d'espèces, comparables aux variations d'une même mélodie ; mais ils trouvent aussi des types distincts les uns des autres ; ces types impriment, à l'époque où ils sont réunis, un cachet de supériorité, car plus il y a de diversité, plus il y a de dépense de force créatrice.

De nos jours, la nature animée présente une étonnante différenciation ; les océans nourrissent des cétacés, des tortues, des poissons, des invertébrés de genres très divers. Sur la terre ferme, l'homme rencontre des mammifères, des oiseaux, des reptiles, des insectes de formes variées. Partout se manifeste une différenciation capable de satisfaire l'artiste le plus passionné pour le changement. Comment s'est-elle produite?

La différenciation des êtres a dû avoir lieu plus lentement dans les temps anciens. En voici la raison : les changements des animaux inférieurs sont moins rapides que ceux des animaux supérieurs. J'en ai été très frappé, il y a longtemps, quand, après avoir étudié les invertébrés tertiaires des bords de la Méditerranée, à peine distincts des espèces actuelles, j'examinai les mammifères de Pikermi presque tous différents de ceux qui vivent aujourd'hui. Je publiai alors une note intitulée : *Sur la longévité inégale des animaux supérieurs et des animaux inférieurs dans les dernières périodes géologiques*[1]. Sir Charles Lyell et plusieurs autres savants ont fait également des remarques sur l'inégalité dans la durée des espèces[2]. Le regretté docteur Fischer en a donné une preuve très concluante en découvrant, lors des explorations du *Talisman* et du *Travailleur*, des mollusques de mer profonde dont les espèces étaient déjà connues à l'état fossile. La coquille simple d'un mollusque n'offre pas autant d'occasions de changement que le squelette d'un vertébré et surtout d'un mammifère composé d'une multitude de pièces dis-

1. J'ai de nouveau traité cette question dans l'ouvrage sur les *Animaux fossiles du mont Léberon*. Un des chapitres porte pour titre : *Les Mammifères miocènes confirment la croyance que les types des êtres supérieurs ont été plus mobiles que ceux des êtres inférieurs.*

2. D'Archiac et de Candolle ont montré qu'à la surface actuelle du globe, l'aire occupée par les espèces est d'autant moindre que la classe dont elles font partie est plus élevée ; moins les animaux et les végétaux sont parfaits, plus ils se propagent dans des contrées différentes ; la marche est donc à peu près la même à travers l'espace et à travers le temps.

tinctes. Aussi il est permis de dire que les mammifères sont, de tous les animaux, ceux qui marquent le mieux l'heure au grand calendrier des temps géologiques. Or les êtres supérieurs n'ont pris leur développement qu'à une époque assez récente; par conséquent nous devons croire que la longévité a été plus grande dans les anciens âges; cela équivaut à dire que la différenciation s'est produite alors avec plus de lenteur.

Bien que les différences des êtres aient mis plus de temps à s'accuser pendant les époques primaires, nous voyons dans le Cambrien, qui est le plus ancien terrain dont la faune soit bien connue, une différenciation déjà très marquée; nous trouvons des cœlentérés, des cystidés, des vers, de nombreux brachiopodes; toutes les classes de mollusques et plusieurs de celles des crustacés inférieurs sont représentées. Une telle constatation ne peut se concilier avec la croyance à la théorie des évolutions qu'en reconnaissant notre ignorance des débuts de l'histoire du monde et en supposant un laps de temps immense entre l'apparition des premiers êtres et l'époque cambrienne. Sans doute aussi il faut rejeter l'idée d'un tronçon unique se divisant en branches pour y substituer l'idée de tiges multiples. Comme je l'ai dit dans le résumé de mes *Enchaînements des fossiles primaires*, les paléontologistes aussi bien que les embryogénistes ne sauraient admettre une seule série linéaire commençant à la monade, se continuant tour à tour sous la forme de polype, d'échinoderme, de ver, de mollusque, d'articulé, de poisson, de reptile, d'oiseau, de mammifère, et finissant à l'homme. Il n'y a pas eu un enchaînement unique, mais plusieurs enchaînements d'êtres dont le développement s'est poursuivi d'une manière indépendante.

Tout en reconnaissant que, dès l'époque cambrienne, il y a eu déjà une certaine diversité d'êtres, nous constatons que cette diversité est bien faible comparativement à celle de la nature actuelle. Nous allons voir qu'elle a été toujours en s'accentuant pendant la succession des âges géologiques[1].

Dans la période silurienne, quelques poissons apparaissent. Ils se multiplient singulièrement durant les temps dévoniens, et ainsi ils changent la physionomie du monde aquatique. Sur la terre ferme les insectes commencent à se montrer.

Dans la période carbonifère, les myriapodes et les arachnides se mêlent aux insectes devenus très nombreux. Quelques individus d'amphipodes, d'isopodes, de stomapodes et de décapodes préparent l'avènement des crustacés supérieurs dont le règne va remplacer celui des trilobites. Le genre *Soleniscus* annonce les gastropodes siphonostomes; les *Pupa* du Canada et d'Écosse marquent le début des gastropodes pulmonés. Les ammonites apparaissent. Les oursins vont succéder aux cystidés. Les reptiles commencent.

Dans la période permienne, les reptiles se répandent en Asie, en Amérique aussi bien qu'en Europe.

1. Pictet écrivait en 1853 : *La diversité de l'organisation animale a été en augmentant dans la série des temps.* (*Traité de Paléontologie*, 2e édition, vol. I, p. 60). Bronn, à qui on doit de belles études sur la marche des espèces fossiles, s'est efforcé de montrer que l'histoire du monde prouve un développement successif.

Pendant la période triasique, les ammonitidés prennent la place que les nautilidés avaient dans l'ère primaire. Les dinosauriens vont étonner les continents par leurs formes gigantesques et étranges que les fossiles primaires ne pouvaient faire présager. Des mammifères petits et rares apparaissent.

Dans la période jurassique, les reptiles deviennent très variés : au sein des mers règnent des *Ichthyosaurus*, des *Plesiosaurus*, sur la terre des *Brontosaurus*, des *Megalosaurus* et dans les airs des ptérosauriens. L'*Archæopteryx* marque l'aurore de la classe des oiseaux. Les bélemnites et d'autres céphalopodes à coquille interne forment des troupes nombreuses. Les ammonites et les oursins se jouent dans des variations infinies.

Dans la période crétacée, les pythonomorphes présentent de nouvelles combinaisons reptiliennes ; les céphalopodes déroulés et les rudistes augmentent la diversité de la classe des mollusques.

Pendant l'ère tertiaire, les cœlentérés, les brachiopodes, les oursins, les mollusques bivalves, les céphalopodes ont peut-être été un peu moins variés ; les gastropodes prosobranches et pulmonés l'ont été davantage. Quoique les insectes aient été déjà nombreux dans le Houiller, ils n'ont dû avoir toute leur diversité que dans le Tertiaire ou à la fin du Crétacé, car c'est alors que les végétaux à fleurs se sont pleinement développés, et l'on sait que beaucoup de coléoptères, d'hémiptères, d'hyménoptères, de mouches et de papillons vivent sur les fleurs. Dans mes voyages en Orient, lorsque, traversant des campagnes brûlées par le soleil d'été, j'apercevais quelque fleur isolée, j'aimais à aller la saluer, car elle m'égayait non seulement par ses jolies couleurs, mais par l'animation d'un petit monde butinant et bourdonnant, dont elle était le centre. A l'époque où il n'y avait pas de fleurs, on ne devait pas voir de tels rassemblements d'insectes divers.

Je pense que les poissons cartilagineux des mers tertiaires et actuelles sont moins variés que ceux des mers plus anciennes, mais il me semble que les poissons osseux le sont davantage[1].

Sauf les serpents et les tortues, les reptiles tertiaires ont été beaucoup moins diversifiés que ceux de l'ère secondaire.

D'après ce qui précède, on voit qu'il est difficile de dire si c'est dans les temps secondaires ou dans les temps tertiaires que les invertébrés et les vertébrés à sang froid ont été le plus différenciés. Mais évidemment, c'est dans l'ère tertiaire que les animaux à sang chaud, mammifères et oiseaux, ont présenté le plus de richesse de formes.

Si les insectes aiment les fleurs, les oiseaux aiment les fruits ; les végétaux des temps tertiaires leur ont offert une nourriture qu'ils n'auraient pas trouvée dans les anciens âges géologiques ; c'est depuis l'époque de la craie qu'ils ont eu leur complet développement. Ils sont

1. Les poissons osseux de notre époque comprennent les groupes suivants : acanthoptérygiens (labre, maquereau), anacanthins (morue, sole), physostomes (anguille, brochet, carpe), plectognathes (coffre), lophobranches (hippocampe). Cette simple énumération indique une étonnante diversité. A ces poissons, il faut ajouter ceux qui ont conservé une partie des caractères primitifs, comme les lépidostés, les esturgeons, les dipnoés.

aujourd'hui répartis en sept ordres[1] qui sont tous représentés dans l'ère tertiaire.

Les mammifères, encore mieux que les oiseaux fournissent la preuve d'une tardive différenciation. On n'a découvert dans le Tertiaire le plus inférieur, ni solipèdes, ni ruminants, ni proboscidiens, ni édentés, ni carnivores proprement dits (non créodontes), ni singes véritables. A la fin de l'Éocène et dans l'Oligocène plusieurs mammifères ont marqué des tendances à prendre les caractères de ces divers ordres, mais c'est seulement à l'époque miocène que la différenciation est devenue complète. Après cette époque, les êtres terrestres ont perdu[2], tandis que les mammifères marins ont été de plus en plus variés.

On voit par les pages précédentes que la diversité du monde organique a augmenté successivement pendant la plus grande partie des temps géologiques. Pour le prouver, j'aurais pu, au lieu de considérer la différenciation des familles, m'attacher à la différenciation des organes. Un jour viendra où, tandis que plusieurs paléontologistes étudieront la généalogie des familles fossiles, d'autres paléontologistes feront l'histoire de

1. Ce sont les coureurs, les échassiers, les palmipèdes, les gallinacés, les passereaux, les rapaces et les grimpeurs.

2. A l'époque quaternaire et encore plus à l'époque actuelle, la différenciation des animaux terrestres a diminué, car presque tous les types actuels se montrent déjà dans le miocène supérieur de Pikermi, mais la réciproque n'est pas vraie; beaucoup de genres de Pikermi, *Ictitherium*, *Simocyon*, *Machairodus*, *Leptodon*, *Dinotherium*, *Chalicotherium*, *Helladotherium* n'existent plus de nos jours. Les mammifères de notre époque vivaient, dans les temps quaternaires, à côté de plusieurs animaux, *Mammouth*, *Elasmotherium*, *Rhinoceros tichorhinus*, *Cervus megaceros*, *Ursus spelæus* qui sont éteints aujourd'hui.

l'évolution des organes. On choisira tel ou tel os de la tête qu'on suivra d'étages en étages, par exemple on verra par quelles phases ont passé l'occipital, le frontal, l'ouverture nasale, les mâchoires, les tympaniques, etc., ou bien on fera l'histoire du bras ou de la jambe, de la main ou du pied, de l'épaule ou du bassin, de l'atlas ou de l'axis et des autres vertèbres, etc.; on apprendra comment, pendant la suite des âges, chaque organe s'est peu à peu développé, depuis ses premières manifestations jusqu'au moment où il a atteint son maximum de perfectionnement. Ces histoires ajouteront de curieux chapitres à l'anatomie comparée et contribueront à prouver que les êtres ont présenté une différenciation de plus en plus tranchée.

CHAPITRE IV

DE L'ACCROISSEMENT DES ÊTRES

Comme un individu grandit en passant de l'état embryonnaire à l'état adulte, les corps des créatures qui ont peuplé notre globe ont grandi à mesure que le monde animé passait de l'état initial à celui de complet développement. Pour donner une idée de leur accroissement, j'ai réuni dans les figures 35 et 36 des schémas qui montrent les dimensions de quelques-uns des plus grands animaux de diverses époques géologiques[1]; on voit dans la première des bêtes marines et dans la seconde des bêtes continentales. Toutes les figures sont au $\frac{1}{100}$, sauf celle du rorqual qu'on a dû réduire au $\frac{1}{12}$.

Les corps cités par M. Cayeux dans l'Archéen sous le nom de spongiaires, de foraminifères et de radiolaires ne peuvent être étudiés qu'au microscope. La petitesse des radiolaires décrits par ce paléontologiste est une

1. Les croquis des figures 35 et 36 sont plus ou moins imaginaires, sauf celui du rorqual encore vivant; ils sont faits uniquement dans le but de donner une idée des agrandissements successifs des animaux.

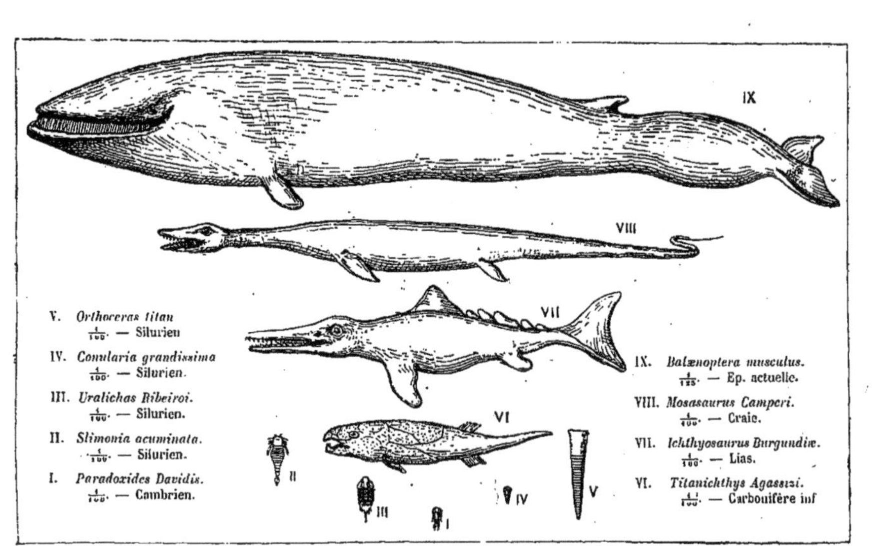

FIG. 35. — Figures théoriques d'animaux marins.

Fig. 36. — Figures théoriques de bêtes continentales ; elles sont toutes à $\frac{1}{100}$

des raisons qui ont été invoquées pour nier que ce soient des corps organisés.

Le Cambrien jusqu'à présent ne nous montre que des êtres d'une dimension peu considérable; le plus grand d'entre eux, le *Paradoxides Davidis*[1] (fig. 55, I), n'avait pas un demi-mètre. La bête problématique d'Amérique dont les empreintes ont été appelées Protichnites[2] ne semble point avoir excédé cette dimension. La plupart des autres fossiles étaient beaucoup plus petits.

Dans le Silurien, les invertébrés ont déjà acquis un développement considérable, et même, chose assez inattendue, plusieurs surpassent notablement les créatures du même ordre aujourd'hui vivantes. Ainsi les ptéropodes qui, dans les mers actuelles, sont de chétives bestioles, ont eu des coquilles[3] de $0^m,250$ de hauteur (fig. 55, IV); nos ostracodes, difficiles à voir sans le secours de la loupe, ont atteint près d'un décimètre[4]; des crustacés de l'ordre des phyllocaridés ont laissé des pointes caudales[5] tellement grandes, qu'on s'est d'abord refusé à croire qu'elles appartinssent à des animaux de cet ordre; elles ont été prises pour des aiguillons de poissons. On a trouvé aussi, dans le Silurien,

1. On le trouve dans le Cambrien du Pays de Galles. M. Œhlert me dit que le *Paradoxides Harlani* du Cambrien des États-Unis a $0^m,45$ de longueur comme le *Paradoxides Davidis* d'Angleterre.

2. Ces empreintes ont été recueillies dans le grès de Potsdam (Cambrien supérieur).

3. M. Barrande a figuré un échantillon incomplet de *Conularia grandissima* du Silurien inférieur de Bohême, qui a $0^m,250$; il dit que la longueur des individus adultes peut atteindre $0^m,400$.

4. *Aristozoe regina* du Silurien supérieur de Bohême a $0^m,090$ de longueur; *Leperditia gigantea*, qui est aussi du Silurien, a $0^m,045$.

5. *Ceratiocaris ludensis*, du Silurien supérieur de Ludlow.

un trilobite[1] de 0m,70 de long (fig. 35, III), un mérostome[2] d'un mètre (fig. 35, II), des orthocères de deux mètres et même davantage[3] (fig. 35, V).

Ces invertébrés, dont la dimension nous surprend, sont de petites créatures comparativement aux vertébrés qui régneront dans les ères secondaire et tertiaire. C'est seulement parmi les vertébrés qu'on rencontre des animaux d'une taille imposante. Or les vertébrés étaient à leur début pendant la période silurienne. J'ai vu dans le Colorado des couches du Silurien inférieur pétries de débris de poissons; M. Walcott, qui les a bien étudiés, n'y a reconnu aucun indice de grandes espèces.

A la vérité, nous savons encore peu de chose; l'étude des étranges vestiges des grès armoricains de Bretagne et de Normandie nous en fournit une preuve frappante. On croit rêver quand on voit les empreintes que les paysans des environs d'Argentan appellent des pas de bœufs. Quelles bêtes ont produit ces empreintes? Quelles étaient leurs dimensions? Nous l'ignorons.

La période dévonienne marque de notables progrès.

1. *Uralichas Ribeiroi*, du Silurien inférieur (Ordovicien) du Portugal. M. Œhlert, à qui je dois l'indication de la taille de ce fossile et le croquis que je reproduis page 55, fig. 35, III, a fait une étude des dimensions des trilobites.

2. *Slimonia acuminata*, du Silurien le plus supérieur de Lesmahago (Écosse). M. Woodward dit qu'il peut atteindre 1m,20 exceptionnellement.

3. *Orthoceras titan* d'Amérique et *Orthoceras duplex* d'Europe. Dans son vaste ouvrage sur le système silurien de la Bohême (vol. II, partie V, p. 1280), Barrande raconte, d'après le témoignage du Dr Rominger, qu'on a trouvé dans le Silurien de l'Iowa des morceaux d'orthocère qui, étant mis bout à bout, indiqueraient une coquille de 6 mètres de long, le diamètre étant de 0m,25 dans la partie la plus large. Ces proportions sont tellement extraordinaires que, malgré l'opinion de Barrande, je suppose qu'il peut y avoir eu quelque erreur.

Plusieurs poissons[1] atteignent une assez forte taille. Une aile, trouvée dans le Dévonien du Canada, annonce un insecte[2] qui n'avait pas moins de vingt centimètres d'envergure. Les mers actuelles n'ont pas de crustacé aussi grand que celui du Dévonien auquel les carriers d'Écosse donnent le nom de Séraphin[3].

Pendant les derniers temps primaires, les invertébrés conservent des dimensions considérables. De gros oursins (Melonites) abondent dans le Carbonifère américain. Le roi des brachiopodes, *Productus giganteus*, large de $0^m,30$, est enfoui dans le Carbonifère du Derbyshire. Pour se faire une idée de la taille des insectes houillers, on pourra consulter le bel ouvrage que M. Charles Brongniart vient de publier sur les fossiles découverts par M. Fayol dans les houillères de Commentry; on y verra la figure d'un *Titanophasma* long de $0^m,25$ sans y comprendre les antennes, et un *Meganeura* qui, avec ses ailes déployées, mesurait $0^m,70$ (fig. 56, 1). Dans ce même terrain de Commentry, où se rencontrent des insectes d'une si étonnante dimension, M. Fayol a trouvé un crustacé terrestre qui était probablement un énorme isopode[4]. Les poissons continuent à grandir; New-

1. Le professeur Rosenberg m'a fait voir, dans le Musée de Dorpat, les os de l'*Heterosteus Armussi*, qui proviennent du dévonien de Doyat, en Livonie; ils sont bien gros et étranges. Van Beneden et de Koninck ont signalé, sous le nom de *Palædaphus*, les mâchoires d'un poisson dipnoé trouvé dans le dévonien de Belgique; elles indiquent un animal qui pouvait avoir $1^m,60$ de long.

2. M. Scudder l'a appelé *Platephemera*.

3. C'est le *Pterygotus anglicus*; il atteint, suivant M. Henry Woodward, $1^m,80$ de longueur.

4. Il est large de $0^m,30$ et avait au moins $0^m,60$ de long. M. Marcellin Boule vient de le décrire sous le nom d'*Arthropleura Fayoli*.

berry a fait connaître dans le Carbonifère le *Dinichthys* et le *Titanichthys* qui pouvait atteindre 5 mètres de long[1] (fig. 35, VI)[2]. Les quadrupèdes commencent à se développer; je suppose que l'*Anthracosaurus* du Houiller avait 1m,80 et que l'*Eryops*[3] du Permien avait 2m,25 (fig. 36, II). La dimension de ce dernier et celle de notre *Actinodon* d'Europe m'étonnent, car l'imparfaite ossification de leurs individus adultes indique des types qui simulent un état fœtal ou tout au moins un état jeune. Au sein de nos familles humaines, nous rencontrons des enfants qui sont grands pour leur âge; en langage évolutionniste, on pourrait dire que l'*Actinodon* d'Europe et l'*Eryops* d'Amérique sont des enfants qui sont grands pour leur âge géologique[4]. Il importe toutefois d'ajouter que ce sont des vertébrés bien chétifs comparativement à ceux qui vont leur succéder dans les temps secondaires.

En somme, si nous nous représentons l'aspect de

1. Cette mesure est donnée dans l'hypothèse que le rapport de la tête avec le corps est le même que dans *Coccosteus*, le genre qui paraît avoir été le plus voisin de *Dinichthys* et de *Titanichthys*.

2. M. Claypole a publié dans l'*American Geologist* (août 1895) un très intéressant article intitulé : *The three great fossil placoderms of Ohio*. Il signale un énorme poisson, le *Gorgonichthys Clarki*, trouvé en 1891.

3. La tête de l'*Anthracosaurus* est longue de 0m,36. M. Cope m'a montré, dans sa belle collection de Philadelphie, une tête d'*Eryops* qui a 0m,45. Nous possédons des squelettes entiers d'*Actinodon* dont la tête est le cinquième de la longueur totale du corps. Comme ces animaux paraissent avoir été voisins les uns des autres, nous faisons la supposition que les proportions de la tête et de l'ensemble du corps ont pu être à peu près les mêmes; c'est d'après cette supposition que nous attribuons la longueur de 1m,80 au reptile du Houiller et 2m,25 à celui du Permien.

4. Le savant russe Kutorga a signalé, sous le nom de *Brithopus*, une partie d'humérus d'un reptile permien plus fort que l'*Eryops*. M. Marsh a figuré des empreintes de pas de grands reptiles dans le Houiller du Kansas; sans doute ces quadrupèdes ne dépassaient pas 4 mètres

notre globe à la fin de l'ère primaire, nous imaginons des tableaux où le règne minéral et le règne végétal offraient déjà des scènes majestueuses, tandis que le règne animal avait encore peu de prestige.

Dès le début de l'ère secondaire, la scène change; il y a eu pendant la période triasique d'énormes labyrinthodontes[1] (fig. 36, III); les dinosauriens ont commencé[2]. C'est dans la période jurassique que les puissances brutales ont eu leur règne; les océans ont nourri les *Plesiosaurus*, les *Ichthyosaurus* (fig. 35, VII)[3], les *Pliosaurus* qui ont pu atteindre 8 mètres de longueur. Les continents ont été habités par les plus grands quadrupèdes qui aient jamais paru sur notre globe. Il est difficile d'en juger en France parce que les restes de dinosauriens y sont rares[4]. Ils sont plus répandus en Angleterre; quand on visite le Musée d'Oxford, on ne passe pas sans étonnement devant les os du *Cetiosaurus*[5], notamment son fémur qui a la hauteur d'un homme. Mais c'est surtout l'Amérique qui peut donner une idée des géants de l'ère secondaire. Rien d'étrange comme les restes

1. *Mastodonsaurus*, *Capitosaurus*, *Metopias*.

2. *Zanclodon*, *Dimodosaurus*. Rütimeyer m'a montré, dans le musée de Bâle, les os d'un gigantesque dinosaurien du Keuper de Liestal, qu'il a appelé *Dinosaurus Gresslyi*. Les animaux marins du Trias, jusqu'à présent connus, ont vécu dans un bassin peu étendu et ne permettent pas d'apprécier la dimension des habitants des océans; le *Nothosaurus*, le *Simosaurus*, le *Placodus*, le *Cyamodus* du Muschelkalk n'étaient pas grands. Nous avons au Muséum une vertèbre d'un gros *Ichthyosaurus*, trouvée à Provenchère (Haute-Marne); je pense qu'elle est de l'infra-lias.

3. Les contours de l'*Ichthyosaurus* sont faits d'après les dessins de M. Eberhard Fraas.

4. M. Sauvage a trouvé dans le Jurassique supérieur de Boulogne quelques morceaux des genres *Pelorosaurus*, *Megalosaurus*, *Iguanodon*, etc.

5. L'omoplate du *Cetiosaurus* a 1m,35; son humérus, 1m,25; son fémur, 1m,70.

des reptiles que MM. Marsh et Cope, au prix de mille sacrifices, ont arrachés des Montagnes Rocheuses. Je garderai toute ma vie l'impression que j'ai ressentie en entrant dans les salles du sous-sol de Yale College, où sont réunis les os du *Stegosaurus*, du *Brontosaurus* et de l'*Atlantosaurus*[1]. D'après M. Marsh, le *Brontosaurus*[2], dont je reproduis le croquis (fig. 36, IV), avait 15 mètres de long et l'*Atlantosaurus* aurait eu 24 mètres! Si on faisait les moulages des os d'un membre de l'un de ces animaux et qu'on les plaçât dans leur position naturelle, on formerait certainement un des spécimens les plus extraordinaires qu'on puisse imaginer. J'ai vu dans les Montagnes Rocheuses, à Canyon City, un fémur de *Camarosaurus*[3] long de $1^m,62$ sur $0^m,27$ de large et des vertèbres dont le centrum a $0^m,30$ de diamètre.

L'époque crétacée a conservé l'ampleur de l'époque jurassique. Les mers nourrissaient encore des *Ichthyosaurus*, des *Plesiosaurus*, et en outre de nombreux Pythonomorphes qu'on a comparés, à quelques égards, à de gigantesques serpents (voir le croquis du *Mosasaurus*, fig. 35, VIII). Suivant M. Dollo, le *Mosasaurus Camperi* atteignait 15 mètres. Il y avait sur les continents divers dinosauriens, notamment l'*Iguanodon*[4] (fig. 36, V). L'ha-

1. Ces fossiles proviennent des *Atlantosaurus beds*, qui sont du jurassique supérieur.

2. L'*Amphicœlias* de M. Cope est peut-être le même genre que le *Brontosaurus*; suivant le savant paléontologiste de Philadelphie, le fémur de cet animal a $1^m,52$; son pubis a $1^m,06$; l'élévation totale d'une vertèbre est de $1^m,10$.

3. M. Cope pense que son genre *Camarosaurus* est le même que l'*Atlantosaurus*.

4. D'après un dessin de M. Dollo, il a $7^m,34$ étant debout; suivant le même savant, il peut, étant étendu, avoir 14 mètres.

bile paléontologiste de Marseille, M. Matheron, qui, malgré ses 86 ans, poursuit toujours ses belles recherches, m'a montré des os énormes[1] qu'il a découverts dans le Crétacé du Var, à Fos d'Amphoux; un de ces os mesure $1^m,35$. C'est vers la même époque que les reptiles volants ont atteint leur apogée : l'un d'eux[2], signalé en Angleterre avait, suivant M. Newton, 6 mètres, quand il étalait ses ailes; M. Marsh[3] en a trouvé un d'aussi grande taille en Amérique.

L'ère tertiaire a vu se produire de profonds changements. Si on excepte les tortues et un gavial[4] des monts Siwalik, les animaux à sang froid ont beaucoup diminué. Les dinosauriens des temps secondaires ont disparu pour faire place aux vertébrés à sang chaud, moins grands, mais plus parfaits : le règne du beau a succédé au règne du grand[5].

Nous ne saurions dire que la paléontologie révèle un agrandissement progressif des oiseaux, car, dès le début du Tertiaire, elle nous montre des oiseaux gigantesques[6]; mais elle nous fait assister à l'agrandissement des mammifères.

En effet ces animaux qui étaient très chétifs dans les temps secondaires[7], restent assez petits au début de

1. M. Matheron les attribue à l'*Hypselosaurus priscus*.
2. *Ornitocheirus* (*Pterodactylus*) *Cuvieri* de la Craie blanche du Kent.
3. *Pteranodon longiceps* du Crétacé du Kansas.
4. *Gavialis crassidens* (*Leptorhynchus* et *Rhamphosuchus*).
5. L'humanité n'a fait que reproduire la marche que le Créateur a suivie en façonnant le monde animé; car elle a fait du grand en Égypte et en Babylonie, avant de faire du beau dans la Grèce et en Italie.
6. *Gastornis* de l'Éocène d'Europe; *Brontornis* de l'Éocène de l'Amérique méridionale.
7. Consulter les travaux d'Owen, Falconer, Cope, Osborn.

l'ère tertiaire[1]. Un peu plus tard, dans l'âge des lignites, apparaît le *Coryphodon* qui a 2 mètres de long[2] (fig. 56, VI). Plus tard encore, dans la seconde moitié de l'Éocène[3] et surtout dans la période oligocène[4], les animaux grandissent; le plus important est le *Titanotherium* (restauration faite par M. Marsh, fig. 56, VII); il a 3m,43 sans la queue.

C'est seulement à l'époque miocène que les mammifères sont parvenus à leur apogée; il y eut à Pikermi un rassemblement de puissants animaux comme on n'en voit plus dans aucun pays de la terre[5]; le *Dinotherium giganteum*, d'après mes calculs, devait avoir 5 mètres de hauteur et 6m,50 de longueur, lorsqu'il n'étendait pas sa trompe[6] (fig. 56, VIII).

L'époque pliocène a connu encore d'imposantes créatures. Le squelette de l'*Elephas meridionalis* de Durfort que possède le Muséum de Paris a 4m,15 de hauteur, 6m,80 de longueur avec les défenses et 5m,45 sans les

1. Les importantes recherches de MM. Cope et Earle dans le Puerco, et du Dr Lemoine dans le Cernaysien de Reims n'ont pas fait découvrir de grands mammifères.

2. La restauration que je donne est faite d'après M. Marsh.

3. Dans l'Éocène moyen d'Europe, *Lophiodon rhinocerodes*; dans l'Éocène supérieur d'Europe, *Palæotherium magnum*, *Anoplotherium commune*; dans l'Éocène moyen d'Amérique, *Uintatherium* (*Dinoceras*); dans l'Éocène supérieur d'Amérique, *Loxolophodon*.

4. Dans l'Oligocène de France, *Anthracotherium*, *Entelodon*, *Acerotherium*; dans l'Oligocène d'Amérique, *Titanotherium*.

5. Deux espèces de mastodontes, *Dinotherium*, deux espèces de rhinocéridés, *Sus erymanthius*, *Helladotherium*, girafe, *Palæotragus*, *Palæoryx*, *Chalicotherium*, *Machairodus*.

6. M. Gregorio Stefanescu, le savant professeur de Bucarest, vient de signaler à Gaillana, en Roumanie, un *Dinotherium* encore plus grand, qu'il a appelé *Dinotherium gigantissimum*; sa dernière arrière-molaire supérieure a 0m,117 de large, tandis que la même dent du *D. giganteum* d'Eppelsheim ne dépasse pas 0m,097.

défenses[1]. Le *Mastodon Borsonis* n'avait pas une moindre dimension. Cependant les grands mammifères ne sont pas aussi variés que dans les temps miocènes.

Durant la phase chaude du Quaternaire, il y a eu d'énormes éléphants, comme l'indique l'humérus haut de $1^m,35$ qui fut trouvé en 1866 dans le bas de Montreuil près Paris, et donné au Muséum par le baron Haussmann. Mais, pendant la phase glaciaire, la taille a diminué : j'ai vu le fameux Mammouth de la Sibérie, dont on admire le squelette dans le Musée de l'Académie à Saint-Pétersbourg; il n'a que $3^m,42$ de hauteur (d'après M. Strauch, fig. 36, IX).

A l'époque actuelle, les mammifères marins sont les plus grands qui aient existé. Je donne, fig. 35, IX, le dessin de la *Balænoptera musculus*[2] qui atteint 21 mètres. Le rorqual appelé la baleine bleue (*Balænoptera Sibbaldii*), représenté dans le Muséum de Paris par deux squelettes, a 24 mètres de long. Brehm parle de rorquals de 34 mètres. Si l'on compare dans notre figure 35 le croquis de l'animal actuel, IX, avec ceux des animaux primaires de I à VI, on voit un curieux contraste qui prouve d'une manière frappante l'accroissement des vertébrés marins pendant le cours des âges. Plusieurs des invertébrés ont aussi de nos jours leur maximum de taille : par exemple il y a des oursins et des étoiles de

1. M. Marcellin Boule vient de donner d'intéressants détails sur des défenses d'*Elephas meridionalis* que M. l'ingénieur Le Blanc a trouvées dans la Charente, avec des silex taillés du type de Chelles; l'une d'elles a près de 5 mètres de long.

2. Cette figure est empruntée au Dictionnaire d'histoire naturelle de Charles d'Orbigny.

mer plus gros que dans les temps géologiques. Jamais les mollusques bivalves n'ont égalé les *Tridacna* employées dans les églises comme bénitiers[1]; il y a eu peu de mollusques gastropodes aussi forts que *Dolium ingens*, *Cassis madagascariensis*, *Hyetus* (*Voluta*) *melo*, *Voluta proboscidalis*, *Triton nodiferum*, *Strombus gigas* de notre époque. Quoique les céphalopodes aient atteint une dimension considérable sous la forme *Orthoceras* dans le Primaire, sous les formes *Belemnites* et *Leptoteuthis*[2] dans le Jurassique, sous la forme *Ammonites* dans la Craie[3], ils étaient loin d'avoir les proportions gigantesques du *Mouchezia* découvert par M. Vélain, du poulpe et de l'*Architeuthis* actuels dont M. Ward m'a montré les moulages dans son magnifique établissement de Rochester.

Sur les continents, il s'est produit un amoindrissement; les mammifères actuels sont moins grands que ceux des temps tertiaires et quaternaires[4]. Dans les îles, il n'en a pas été de même. A une époque très récente, il y avait encore à la Nouvelle-Zélande des oiseaux plus

1. Suivant Fischer, les deux valves de la *Tridacna gigas* qui ont été données à François Ier par la république de Venise, et servent de bénitiers dans l'église Saint-Sulpice à Paris, pèsent 250 kilogrammes (Manuel de conchyliologie, p. 1035).

2. *Leptoteuthis gigas* de la pierre lithographique de Solenhofen.

3. *Pachydiscus peramplus* et *Wittekindi*.

4. Il est curieux de mettre en regard les dimensions des mammifères actuels et des mammifères quaternaires :

Les éléphants sont moindres que l'*Elephas antiquus*.
Les rhinocéros . . . . l'*Elasmotherium*.
Les bœufs. . . . . le *Bos primigenius*.
Les bisons. . . . . le *Bison priscus*.
Les cerfs élaphes. . . . . les races quaternaires.
Les daims. . . . . les *Cervus somonensis* et *megaceros*.
Les lions . . . . le *Felis spelæa*.
Les ours. . . . . les *Ursus spelæus* et *priscus*.

forts que nos autruches[1], à Madagascar des oiseaux[2], des tortues[3] et un lémurien[4] d'une taille extraordinaire.

En résumé, l'Auteur du monde étant la puissance infinie, chaque époque a reçu quelque reflet de cette puissance. Dès l'origine, avant les manifestations de la vie, le règne minéral a sans doute offert d'imposants spectacles; plusieurs classes d'invertébrés ont eu, pendant l'ère primaire, leurs principaux représentants; les gigantesques vertébrés à sang froid ont été cantonnés dans l'ère secondaire; les mammifères les plus imposants ont vécu durant les temps tertiaires; l'homme, plus faible de corps, mais plus fort que tous les êtres par son génie, règne depuis l'ère quaternaire.

Nous pouvons donner quelques explications de ces apogées successives. Ainsi il est permis de croire que, si plusieurs des invertébrés ont pris tant d'importance dans les premiers jours primaires, c'est parce que les vertébrés ne leur disputaient pas l'empire de la terre et des mers. Si les vertébrés à sang froid sont devenus, pendant l'ère secondaire, les plus gigantesques créatures qu'on vit jamais sur les continents, c'est peut-être en partie parce qu'ils n'ont pas été gênés par les mammifères plus agiles, plus adroits, plus intelligents. Le développement magnifique des mammifères, durant les temps tertiaires, n'a pas été entravé par les sociétés humaines; ils ont été les seuls maîtres du monde. Il est vraisemblable que l'accroissement des herbivores, qui

1. *Dinornis giganteus.*
2. *Æpyonis maximus, ingens.*
3. *Testudo Grandidieri.*
4. *Megaladapis* décrit dernièrement par M. Forsyth Major.

forment les espèces les plus nombreuses, a été favorisé par l'extension des végétaux angiospermes et notamment des graminées; l'accroissement des carnivores a été à son tour favorisé par la multiplication des herbivores dont ils faisaient leur nourriture. Mais certainement à ces causes, il faut en ajouter d'autres qui sont encore ignorées. Nous sommes arrivés à cet état de la science où nous constatons beaucoup de choses, où nous en expliquons très peu.

La progression dans la grandeur du corps des animaux n'a pas été indéfinie; elle s'est arrêtée chez les articulés dans le Primaire, chez les reptiles dans le Secondaire, chez les mammifères terrestres à la fin du Tertiaire. Cependant, le perfectionnement des êtres semble être continu. Il faut conclure de là que le développement de la matière n'est pas la condition essentielle du progrès; le progrès réside dans une sphère plus haute.

CHAPITRE V

PROGRÈS DE L'ACTIVITÉ

J'ai montré dans les pages précédentes que les êtres se sont peu à peu multipliés, différenciés, agrandis pendant le cours des âges géologiques. Ce sont là des développements qui ne sont point spéciaux au monde animal; ils se retrouveraient aussi bien dans le monde végétal. Ce qui marque surtout le progrès chez les êtres animés, c'est l'expansion des facultés qui leur sont propres et qui ont leur couronnement dans les créatures humaines; ces facultés sont la sensibilité, l'intelligence, l'activité.

Chez l'homme, dont la plupart des actes sont volontaires, l'activité est la faculté qui se développe la dernière. Le non-moi agit sur le moi, il excite ma sensibilité. Je me tourne vers le non-moi et sur moi-même; je réfléchis; je fais acte d'intelligence. Je détermine alors ce que je dois faire; mon activité entre en jeu. Mais, chez les animaux dont les actes en général ne sont pas réfléchis, l'activité précède les faits de sensibilité et surtout d'intelligence. Beaucoup d'êtres ont eu une grande somme d'activité, avant que leur intelligence ait été développée. Je crois donc devoir étudier d'abord l'histoire de l'activité.

A l'Exposition universelle du Champ-de-Mars, en 1889, il y avait, à l'entrée de la Galerie des Arts libéraux, une gigantesque statue représentant Bouddha, immobile dans l'anéantissement de lui-même : cette statue était d'un aspect étrange. Chez les peuples de l'Orient, avoir une vie passive, plongée dans la contemplation, paraît être le meilleur moyen de se rapprocher de la Divinité. En Occident, au contraire, nous pensons que la Divinité est l'Activité infinie et que les créatures les plus élevées sont celles qui sont les plus actives.

Cuvier avait fait preuve d'un grand esprit quand il avait partagé le monde animal en quatre embranchements, correspondant à quatre phases du développement de l'activité. Il avait appelé zoophytes les êtres où l'activité est faible, les éléments minéraux se mêlant aux parties vivantes et gênant leurs mouvements. Il avait placé dans l'embranchement des mollusques les créatures dont les tissus organisés se concentrent pour composer un corps mou; les molécules calcaires se portent à la périphérie où elles forment une coquille; des organes se constituent, mais leurs manifestations extérieures sont souvent empêchées par leur enveloppe inflexible; l'activité est donc encore bornée. L'embranchement des articulés ou annelés avait été proposé pour les animaux chez lesquels les parties dures ne se réunissent plus en une coquille inflexible; elles deviennent une cuirasse qui se moule sur toutes les surfaces du corps, s'interrompant à chaque articulation, de telle sorte que les mouvements acquièrent leur liberté. Enfin Cuvier avait rangé sous le nom de vertébrés les créatures où les parties dures, au lieu de servir d'enveloppes, se portent dans le milieu du corps pour constituer des os qui soutiennent les muscles de la tête, du tronc, des membres, c'est-à-dire les organes du mouvement auxquels ils donnent une puissante énergie.

Découvrira-t-on un jour que les embranchements de Cuvier correspondent à des phases de l'histoire du monde animé? Notre globe a-t-il vu d'abord le règne des êtres appelés autrefois zoophytes (protozoaires, cœlentérés, échinodermes), ensuite le règne des mollusques, ensuite celui des articulés, enfin celui des vertébrés? Il faut avouer que jusqu'à présent les paléontologistes n'ont découvert que deux grandes phases : une première, caractérisée par les articulés en même temps que par les zoophytes, les échinodermes et les mollusques; une seconde, où ont vécu les vertébrés. Il y a là, dans l'état actuel de notre science, une lacune qui fournit une objection contre l'idée d'un développement progressif. Néanmoins, d'après ce que nous apercevons déjà du théâtre de la vie dans le cours des temps géologiques, nous pouvons dire que nous voyons se dérouler des scènes d'abord tranquilles, occupées par des figurants, pour la plupart personnages muets, jouant un rôle plus passif qu'actif, puis des scènes de plus en plus animées où les acteurs déploient successivement toutes leurs facultés.

La vie de relation chez les animaux se manifeste surtout par les fonctions de locomotion et de préhension; je parlerai d'abord des premières.

Histoire de la locomotion.

Les fonctions de locomotion ont pris plus d'importance à mesure que le monde a vieilli. J'ai dit que c'est une curieuse chose de constater combien d'êtres ont été emprisonnés pendant les époques primaires. On peut ajouter que c'est une curieuse chose de voir combien d'êtres ont été enchaînés. Lorsque je visitai le Musée de

Fig. 37. — *Omphyma subturbinatum*, aux 2/3 de grandeur; on voit sur la muraille les commencements des radicules. — Silurien supérieur de Wenlock.

Dudley, où se trouve un des ensembles les plus complets de la faune silurienne, je fus très frappé à la fois de l'élégance des créatures qui vivaient dans les anciens âges et de l'état d'immobilité qu'elles révèlent : toutes ces charmantes captives donnent l'idée d'une nature peu animée. Les cœlentérés comptent parmi les fossiles les plus abondants des terrains primaires; ils ont été attachés au sol sous-marin par leur base et quelquefois aussi par des racines (fig. 37). La plupart des échi-

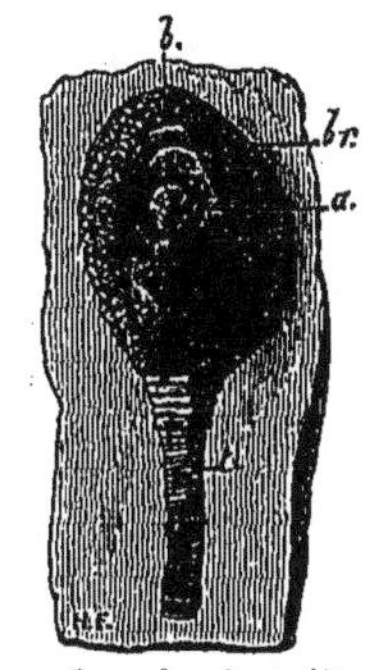

FIG. 38. — *Lepadocrinus* (*Pseudocrinus*) *quadrifasciatus*, gr. nat. : *t.* tige; *a.* anus; *br.* bras; *b.* bouche. — Silur. sup. de Dudley.

FIG. 39. — *Pentremitidea Pailletti*, grandi de moitié : *t.* tige; *ba.* pièces basales. — Dévonien de Sabero, province de Léon, Espagne.

nodermes anciens ont également été fixés, ainsi que le montrent les figures d'un cystidé silurien (fig. 38), d'un blastoïde dévonien (fig. 39) et d'un crinoïde car-

FIG. 40. — *Forbesiocrinus communis*, au 1/4 de gr. — Carbonifère de l'Indiana.

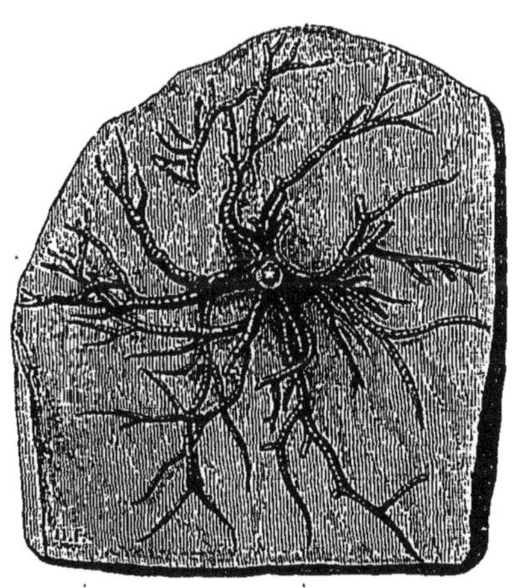

FIG. 41. — Racines d'*Eucalyptocrinus crassus*, à 1/2 grandeur. — Silurien supérieur de Waldron, Indiana.

bonifère (fig. 40); on a trouvé dans des gisements

siluriens de grandes surfaces couvertes de racines de crinoïdes (fig. 41). Certains genres[1] n'ont pas eu une tige calcaire, mais ils peuvent avoir eu une tige molle qui a été détruite dans la fossilisation. Les crinoïdes libres, appelés comatules, n'ont apparu qu'à l'époque jurassique; ils n'ont plus de tiges; outre leurs bras, ils possèdent des crampons au moyen desquels ils s'attachent aux autres corps. William Carpenter a découvert qu'au début de leur vie les comatules actuelles sont fixées par une tige (fig. 42, A), que plus tard cette tige

Fig. 42. — Jeunes comatules, grandies trois fois : A. Individu qui a sa tige *t.* attachée par une racine *r.*; son calice *c.* est surmonté de bras *br.* et ne porte que des rudiments de crampons peu visibles. B. individu moins jeune dont la tige *t.* commence à s'atrophier et dont les crampons *cr.* ont grandi. — Mers actuelles.

s'atrophie, se raccourcit (même figure, B) et finit par disparaître : ainsi l'histoire embryonnaire d'individus actuels reproduit l'histoire des genres fossiles.

Les oursins, venus après les crinoïdes, contrastent avec eux par leur état de liberté (fig. 43), mais ils n'en profitent guère; ils ne se meuvent que faiblement au moyen de leurs radioles.

Les holothuries sont les échinodermes dont les facultés de locomotion sont les moins imparfaites; Terquem,

1. *Edriocrinus*, *Agassizocrinus*, *Belemnocrinus*.

MM. Berthelin et Schlumberger en ont signalé des ves-

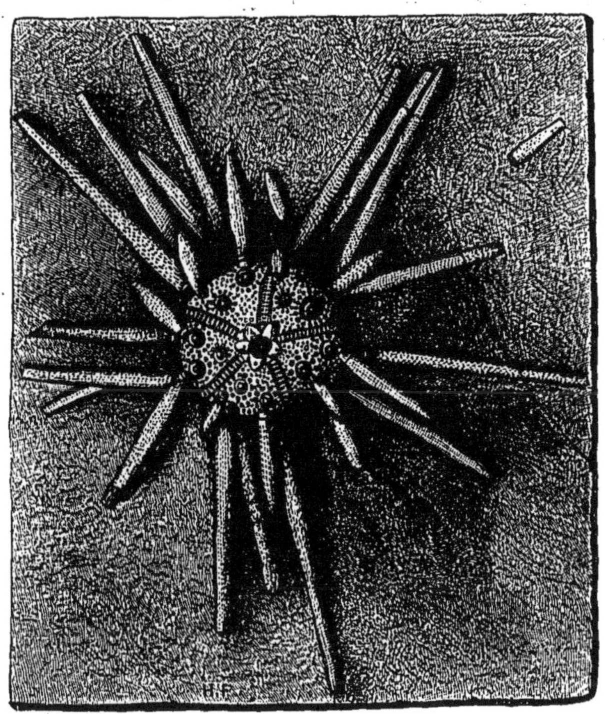

FIG. 43. — *Pseudocidaris Durandi*, aux 4/5 de grandeur, vu en dessus, découvert et préparé par le commandant Durand. — Kimméridien de Géryville.

tiges (fig. 44) dans les terrains jurassiques et tertiaires;

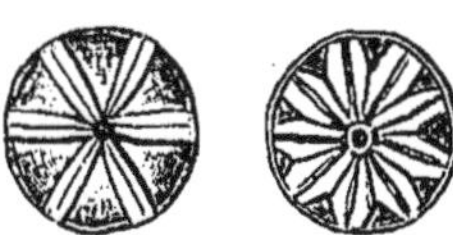

FIG. 44. — Pièces dermiques d'*Hemisphæranthos florida*, vues en dessus (d'après Terquem et M. Berthelin). — Lias moyen d'Essey-lès-Nancy.

je ne pense pas qu'on en ait découvert dans des assises d'un âge plus reculé.

Les brachiopodes, si caractéristiques de l'ère primaire, étaient pour la plupart fixés par un pédoncule (fig. 45). Parfois, comme les comatules, ils conquéraient leur liberté en avançant en âge, car il y a des espèces où la

FIG. 45. — *Athyris Roissyi*, aux 3/4 de grandeur, vu sur la face dorsale. — Carbonifère de Tournay.

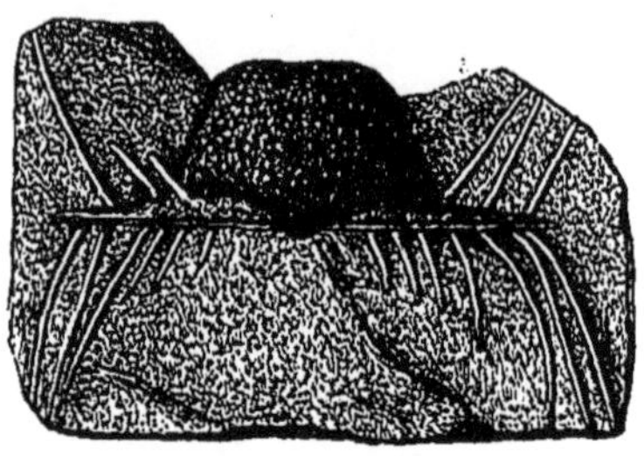

FIG. 46. — *Productus Geinitzi*, à 1/2 grandeur. — Permien de Trebnitz, Allemagne. (Collection de l'École des Mines.)

coquille a un trou pour le passage du pédoncule dans les individus jeunes et n'en a plus chez les individus âgés. Quelques brachiopodes ont adhéré par une de leurs valves; d'autres, qui n'avaient pas de moyens d'attache, ont sécrété des épines avec lesquelles ils s'accrochaient aux corps sous-marins[1] (fig. 46).

FIG. 47. — *Avicula reticulata*, aux 3/5 de grandeur. — Silurien supérieur de Wenlock. (Collection du Muséum.)

Les mollusques ont été très répandus dès les temps primaires. Plusieurs des bivalves ont été attachés (fig. 47); les genres qui étaient libres avaient une locomotion bornée, si on en juge par la plupart de ceux qui existent aujourd'hui. Les gastropodes se déplacent davantage; cependant leur ventre, avec lequel ils ram-

1. M. Œhlert a signalé un genre carbonifère, l'*Etheridgina*, chez lequel les épines se soudaient aux crinoïdes sur lesquels il vivait.

pent, n'est pas un instrument de locomotion comparable aux membres des articulés et des vertébrés.

Les céphalopodes primaires ont dû avoir des rapports avec les nautiles actuels; Moseley a placé un nautile vivant dans un baquet pour étudier ses mœurs; il a dit que *l'animal était très vif, qu'il nageait dans une direction rétrograde et que ses tentacules servaient à la natation.* Je ne peux croire cependant que le nautile, avec sa coquille externe, ses tentacules courts et son tube fendu, soit un nageur comparable aux céphalopodes de nos mers. J'ai surtout de la peine à admettre que les *Gomphoceras* et les autres nautilidés à ouverture contractée des terrains primaires (fig. 19, 20, 21, page 17), aient eu une locomotion rapide.

C'est seulement durant la période jurassique que les genres voisins de nos seiches et de nos calmars se sont développés. Alcide d'Orbigny, dans son grand ouvrage sur l'Amérique méridionale, s'est exprimé ainsi au sujet des céphalopodes sans coquille externe : « *Est-il rien de plus élégant que la marche de certaines espèces qui, avec la vivacité d'une flèche, vont également en avant et en arrière, s'aidant tour à tour de leurs bras ou de leurs nageoires terminales? C'est probablement à l'aide de ce refoulement des eaux par les bras que certaines espèces, comme les sépioteuthes et quelques ommastrèphes, ont la faculté de s'élancer à plus de dix ou quinze pieds au-dessus de la surface des eaux, de manière à tomber sur le pont de très gros navires*[1]. »

1. Alcide d'Orbigny, *Voyage dans l'Amérique méridionale*, tome V, Mollusques, p. 2, 1835-1843. Chacun sait que c'est surtout par la projection brusque de l'eau du tube locomoteur que les céphalopodes se meuvent.

Certainement les bélemnites (fig. 48 et 49) et les autres genres à corps nu ont eu une locomotion plus rapide que les céphalopodes primaires.

Les crustacés ont joui dès l'époque cambrienne de mouvements libres, car ils avaient de nombreux segments qui pouvaient jouer les uns sur les autres[1]. Les derniers

FIG. 48. — *Belemnites Bruguierianus*, au 1/5 de grandeur (d'après Huxley). — Lias inférieur de Charmouth.

FIG. 49. — *Belemnites semisulcatus*, grandeur naturelle. — Kimméridgien de Solenhofen. (Collection Puzos, École des Mines.)

travaux faits sur les trilobites siluriens par MM. Walcott, Matthew, Beecher[2], montrent que ces animaux avaient, outre leurs antennes et leurs pattes-mâchoires, un grand

1. Les *Apus*, voisins sans doute des trilobites, nagent assez bien renversés sur le dos.

2. Dans les *Enchaînements du Monde animal* (*Fossiles primaires*, p. 190), j'ai mentionné les indications antérieures données par d'Eichwald, Pander, Billings et Henry Woodward au sujet des pattes des trilobites.

nombre d'appendices locomoteurs (fig. 50). Mais sans doute leurs successeurs les décapodes, dont la queue a de larges lames natatoires et dont les membres sont bien articulés, ont plus de force pour marcher et nager.

Les poissons osseux, qui, une fois privés de vie, sont peu attractifs au point de vue esthétique, sont intéressants à voir vivants à cause de leur extrême vivacité. Gerbe, le très ingénieux embryogéniste, qui a fondé avec Coste le laboratoire de Concarneau, a quelquefois introduit devant moi des salicoques dans des cuves où vivaient

Fig. 50. — Section longitudinale d'une *Calymene senaria*, grandie trois fois : *c.* cavité céphalique; *c.t.* cavité thoracique; *d.* carapace dorsale; *py.* pygidium; *p.* pattes (d'après M. Walcott). — Sil. inf. de Trenton-Falls, État de New-York.

des labres : c'est une chose incroyable que la rapidité des mouvements des poissons qui poursuivent et des crustacés qui s'esquivent. Je pense que les temps primaires n'ont pas offert des scènes aussi animées, car les salicoques étaient encore rares, et les poissons n'avaient pas l'agilité qu'ils ont aujourd'hui.

Il y a plusieurs raisons pour que les poissons aient eu dans les anciens âges une locomotion moins parfaite que de nos jours. D'abord les muscles du tronc ne pouvaient avoir une grande force chez les genres primaires, puisque la notocorde, incomplètement ossifiée, ne leur fournissait qu'un faible appui. En second lieu, leur cuirasse ganoïde (fig. 51) devait gêner les mouvements. Comme je me trouvais en Amérique, je voulus goûter de la chair des lépidostés chez lesquels la cuirasse des poissons primitifs a persisté. On me répondit que la chair de ces animaux est tellement molle qu'elle n'est pas mangeable; cela indique que les muscles spinaux ont bien peu de consistance. A plus forte raison, devait-il en être ainsi pour les genres anciens qui avaient, sous

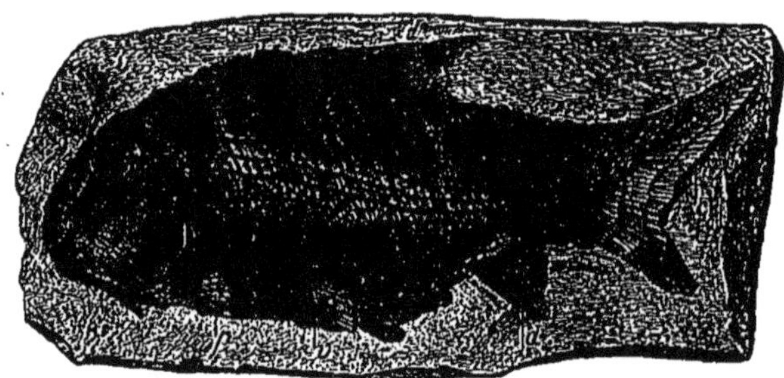

FIG. 51. — *Palæoniscus Blainvillei*, aux 2/3 de grandeur : *d*. nageoire dorsale; *c*. caudale; *a*. anale; *p*. pectorale: *v*. ventrale. — Permien de Muse près Autun. (Collection du Muséum.)

leur cuirasse, une colonne vertébrale rudimentaire. Enfin les poissons primaires n'avaient pas leur nageoire caudale soutenue par une large pièce osseuse provenant de la coalescence des arcs des vertèbres, et par conséquent ils ne pouvaient donner les grands coups de queue dont le rôle est si important pour la natation.

Dans l'ère secondaire, les poissons ont éprouvé des changements qui ont une singulière analogie avec ceux que la marine de guerre a cru devoir opérer. Aussitôt que l'on a imaginé de blinder les navires, on a inventé des projectiles plus forts, afin de percer leurs armatures. Une fois que ces projectiles ont été obtenus, il a fallu renforcer les blindages. Comme, au fur et à mesure que ces blindages étaient plus épais, on faisait des projectiles plus énormes, on est arrivé à construire des navires

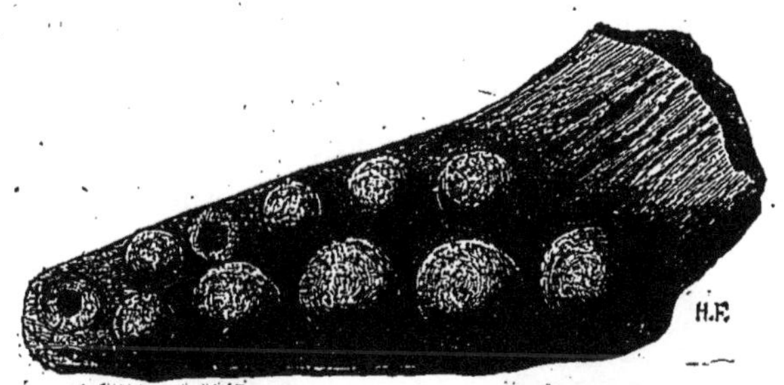

FIG. 52. — Mandibule droite du *Lepidotus neocomiensis*, aux 2/3 de grandeur. Néocomien de Ville-sur-Saulx, Meuse. Donné au Muséum par Cornuel.

tellement lourds qu'ils sont difficiles à mouvoir, et l'on se demande aujourd'hui s'il ne convient pas de revenir aux bateaux rapides.

Chez les animaux aussi, les armes offensives ont

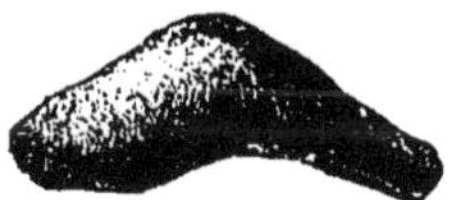

FIG. 53. — Dent d'*Asteracanthus ornatissimus*, vue de profil, grandeur naturelle. Callovien d'Etrochay (Côte-d'Or).

augmenté en même temps que les armes défensives. Les dents ont été modifiées de manière à pouvoir entamer les cuirasses dures des ganoïdes; les terrains secondaires sont caractérisés par les bêtes marines à dents broyantes; on trouve ces dents chez les poissons osseux (fig. 52), les poissons cartilagineux (fig. 53, 54), et même chez plusieurs reptiles marins du Trias (fig. 55). Les poissons, ayant des ennemis dont les instruments d'attaque étaient proportionnés à leurs instruments de défense, ont cherché leur salut dans la fuite : alors les écailles formées d'os enduits d'un épais émail se sont amollies, la colonne vertébrale s'est solidifiée pour fournir un puissant appui aux muscles spinaux, la queue s'est raccourcie et élargie pour devenir un instrument d'énergique locomotion. Après que cette

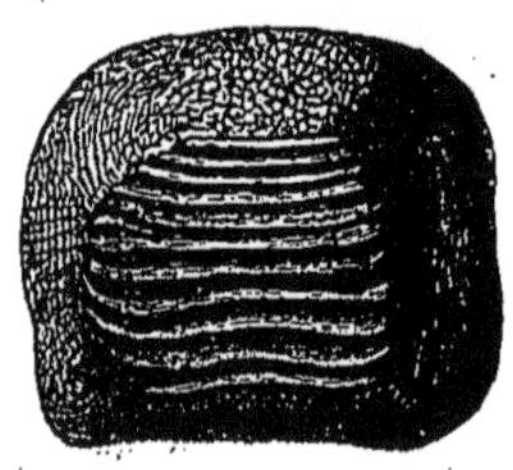

Fig. 54. — Dent de *Ptychodus mamillaris*, grandeur naturelle, vue en dessus. — Tourtia de Belgique. (Collection du Muséum.)

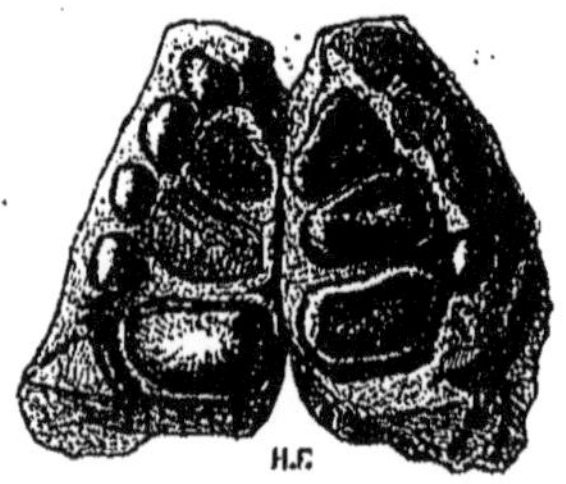

Fig. 55. — Mâchoire supérieure du *Placodus gigas*, vue sur la face triturante, à 1/3 de grandeur. — Muschelkalk de Bayreuth.

transformation s'est accomplie, les carnivores n'ont plus eu besoin d'avoir des dents broyantes, et ces sortes de dents ont presque disparu ; à l'époque tertiaire et de nos jours, il n'y a point de reptiles marins à dents en pavé ; les poissons osseux tels que les daurades, et les poissons cartilagineux, comme les myliobates et les cestraciontes, qui ont des rangées de grosses dents formant meule, sont peu nombreux comparativement à ceux qui ont des dents minces et coupantes : la puissance réside surtout dans l'agilité pour atteindre ou pour fuir. En vérité les poissons actuels marquent une activité inconnue dans les océans des anciens âges, et justifient ces mots de Moquin-Tandon, que j'ai cités dans un de mes précédents volumes : « *L'agitation et l'inconstance de la mer semblent s'empreindre sur les êtres qui vivent au milieu de ses ondes, dans la souplesse, la rapidité et la vivacité de leurs allures.* »

Les reptiles se sont multipliés à la fin des temps pri-

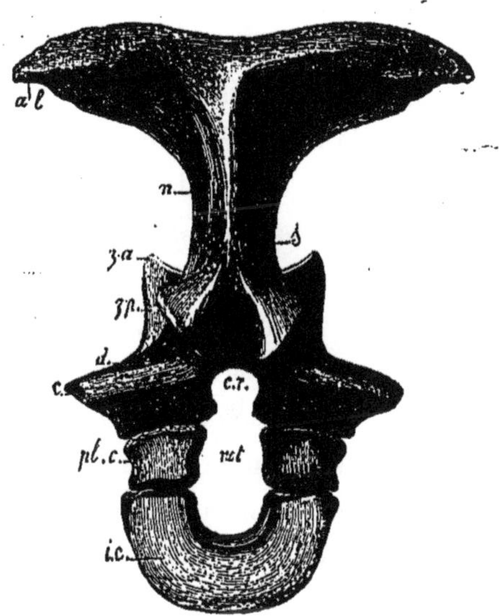

Fig. 56. — Restauration d'une vertèbre d'*Euchirosaurus Rochei*, vue sur la face postérieure, de grandeur naturelle : *n.* neurépine avec de larges expansions latérales *al.*; *s.* suture de la neurépine avec les neurapophyses; *z.a.* zygapophyse antérieure; *z.p.* zygapophyse postérieure; *d.* diapophyse; *c.* facette d'articulation de la côte; *c.r.* canal rachidien; *pl.c.* pleurocentrum; *i.c.* pièce inférieure du centrum ou hypocentrum; *not.* vide qui était rempli par la notocorde. — Permien inférieur d'Igornay.

maires; mais plusieurs d'entre eux n'étaient pas bien achevés; leurs os des membres avaient à leurs extrémités des cartilages épais, leurs vertèbres (fig. 56) étaient en plusieurs morceaux qui n'étaient pas encore soudés. De tels animaux ne devaient pas sans doute avoir une grande énergie musculaire. Il est curieux de noter que la plupart ont eu des pattes à cinq doigts avec des phalanges, au moyen desquelles ils s'accrochaient. Quand un enfant fait ses premiers pas, il se retient à tout ce qu'il rencontre afin d'assurer sa marche chancelante; le vieillard, dont les mouvements sont devenus difficiles, agit de même. Ainsi les quadrupèdes primaires ont soutenu leur corps mal affermi en s'accrochant avec leurs pattes. Lorsque j'ai décrit le premier *Actinodon* trouvé dans le Permien d'Autun, j'ai été frappé de la forme de ses phalanges onguéales et j'ai dit : « *L'Actinodon a pu se servir de ses membres, non seulement pour nager, mais aussi pour s'accrocher*[1] »; la gravure de la patte du *Callibrachion* (fig. 9, page 8) donne une idée de cette disposition. A l'époque secondaire, plusieurs reptiles tels que le *Sauranodon*, le *Pleurosaurus*, l'*Homœosaurus*, si parfaitement conservés dans la pierre lithographique de Cerin[2], présentent une semblable conformation, et il en est ainsi de la plupart des reptiles de l'époque actuelle (fig. 10, page 8).

Une des particularités les plus remarquables du monde secondaire a été de montrer, à côté de ces reptiles à marche vacillante, des reptiles qui ne rampaient point et se tenaient fermes sur leurs jambes de derrière. On a l'habitude de les appeler dinosauriens, mais dès 1832

1. *Mémoire sur le reptile découvert par M. Frossard à Muse* (*Nouvelles archives du Muséum*, in-4°, p. 27, 1867).

2. Voir dans les *Archives du Muséum d'histoire naturelle de Lyon*, vol. V, 1892, les figures que M. Lortet a données de ces animaux.

Hermann de Meyer leur avait appliqué le nom significatif de pachypodes[1] et les avait définis *sauriens avec des membres comme ceux des lourds mammifères terrestres*. Ils ont laissé les empreintes de leurs pas dans plusieurs gisements, notamment dans le Trias du Connecticut, de

FIG. 57. — Portion d'un bloc de grès avec empreintes connues sous le nom de *Cheirotherium*, à 1/10 de grandeur; on voit des traces de pattes de derrière, de pattes de devant et de queue; il y a aussi d'autres empreintes tridactyles qui rappellent le *Rhynchosaurus articeps* du Staffordshire. — Grès bigarré de Fozières, Hérault. Donné au Muséum par MM. Bioche et Hugonnencq

l'Allemagne et de la France. Je reproduis ici le dessin d'une de ces empreintes (fig. 57) ; comme elle fait partie de nos collections publiques du Muséum, chacun pourra y reconnaître avec le secours de la loupe les papilles de la peau. Pour que des moulages si parfaits

1. Παχύς, épais; ποῦς, ποδός, pied.

se soient produits, il a fallu que les pattes appuyassent lourdement sur le sol. En effet les travaux nombreux qui ont été faits sur les dinosauriens prouvent que plusieurs d'entre eux avaient les allures des oiseaux coureurs. Quand les savants américains nous apprennent que le *Brontozoum* du Trias a laissé des empreintes de pas de $0^m,43$ de longueur, et que l'on mesure $1^m,35$ entre deux empreintes, lorsque nous pensons que Le Mesle a compté un mètre d'intervalle entre des traces de pas de dinosauriens crétacés d'Algérie, longues de $0^m,24$, ou bien quand nous regardons les membres de l'*Iguanodon*, nous sommes effrayés à la pensée des enjambées que pouvaient faire ces animaux, et nous nous félicitons d'être nés dans une époque où nous ne risquons point d'être poursuivis par de semblables coureurs.

Tandis que les terribles dinosauriens se répandaient sur la terre ferme, divers genres de ptérosauriens [1] s'élevaient dans les airs; mais sans doute leur locomotion aérienne n'a pas égalé en énergie celle des oiseaux dont le règne a eu lieu plus tard.

Au sein des océans secondaires, il y avait une agitation extraordinaire; à la suite des bandes de poissons, d'ammonites variées et de bélemnites, on voyait des *Ichthyosaurus*, des *Plesiosaurus*, des *Teleosaurus*, des *Pythonomorphes*. Ce devait être un étrange spectacle que celui de ces grands reptiles poursuivant les poissons et les invertébrés qui s'enfuyaient; la découverte d'un

1. Ils ont apparu dans le Rhétien.

Ichthyosaurus entier, faite par M. Eberhard Fraas, confirme la croyance que cet animal avait de puissants instruments de natation.

Il faut conclure de ces diverses observations que les reptiles secondaires ont marqué un progrès dans l'activité.

A en juger par le plus ancien genre connu, les premiers oiseaux n'ont pas eu un vol aussi rapide que la plupart des genres actuels. L'Archæoptéryx n'avait pas les plumes de sa queue concentrées sur un croupion; son petit sternum indique de faibles muscles pectoraux; les os de ses mains, encore peu atrophiés et peu soudés, ne formaient pas un solide appui pour ses ailes; ce ne devait pas être un grand voilier. Vers la fin de l'époque crétacée, les oiseaux ont pris les caractères qu'ils ont maintenant. Selon M. Alix, on voit des oiseaux parcourir 1 kilomètre par minute, soit 60 kilomètres en une heure.

L'histoire des mammifères, aussi bien que celle des oiseaux, montre que l'activité a été en croissant pendant les âges géologiques. Petits, rares dans le Secondaire, ils deviennent importants dès le commencement du Tertiaire. Cependant ils ne devaient pas former des scènes animées comme dans les époques qui ont suivi. C'était alors le règne des animaux que les ingénieuses recherches de M. Cope ont fait connaître sous le nom d'amblypodes; omnivores, c'est-à-dire mangeant de tout, ils se trouvaient bien partout et n'avaient pas besoin de voyager; ils étaient lourds; leurs pattes étaient composées de cinq doigts singulièrement courts, ramassés[1], ne servant qu'à former des bases de membres disposés comme des colonnes pour supporter un corps massif. Le *Coryphodon* (voir page suivante, fig. 58) et le *Dinoceras* en offrent des types très accusés. Le *Phenacodus* était plus svelte, mais chacun de ses pieds avait aussi cinq doigts (fig. 59).

Si nous nous transportons par la pensée dans l'Oligocène, nous rencontrons beaucoup de pachydermes dont les pieds n'ont plus que trois ou quatre doigts (*Hyopotamus*, fig. 60); ce sont des animaux encore lourds, moins lourds cependant que les amblypodes de l'Éocène. On voit même des pachydermes, tels que le *Paloplotherium*, qui marquaient une tendance vers les solipèdes et des ruminants qui avaient gardé plusieurs doigts (*Oreodon*, fig. 61), comme leurs ancêtres les pachydermes des temps éocènes.

A l'époque miocène, on trouve, à côté des pachydermes et des proboscidiens, de nombreux ruminants dont l'évolution est achevée, de telle sorte qu'ils sont devenus des bêtes très rapides à la course. Pourtant l'*Hyæmoschus* (fig. 63), par ses pieds à quatre doigts, rappelait les pachydermes. L'*Anchitherium* (fig. 62) et l'*Hipparion* se rapprochaient beaucoup des chevaux, mais, comme ils avaient encore trois doigts, nous pouvons croire qu'ils étaient moins bons coureurs que les solipèdes proprement dits.

Enfin, à l'époque pliocène, apparaissent les vrais chevaux où chaque pied n'a plus qu'un seul doigt fonc-

1. De là est venu le nom d'amblypode (ἀμβλὺς, émoussé; ποῦς, ποδὸς, pied).

tionnel (*Equus*, fig. 64); les ruminants ont également

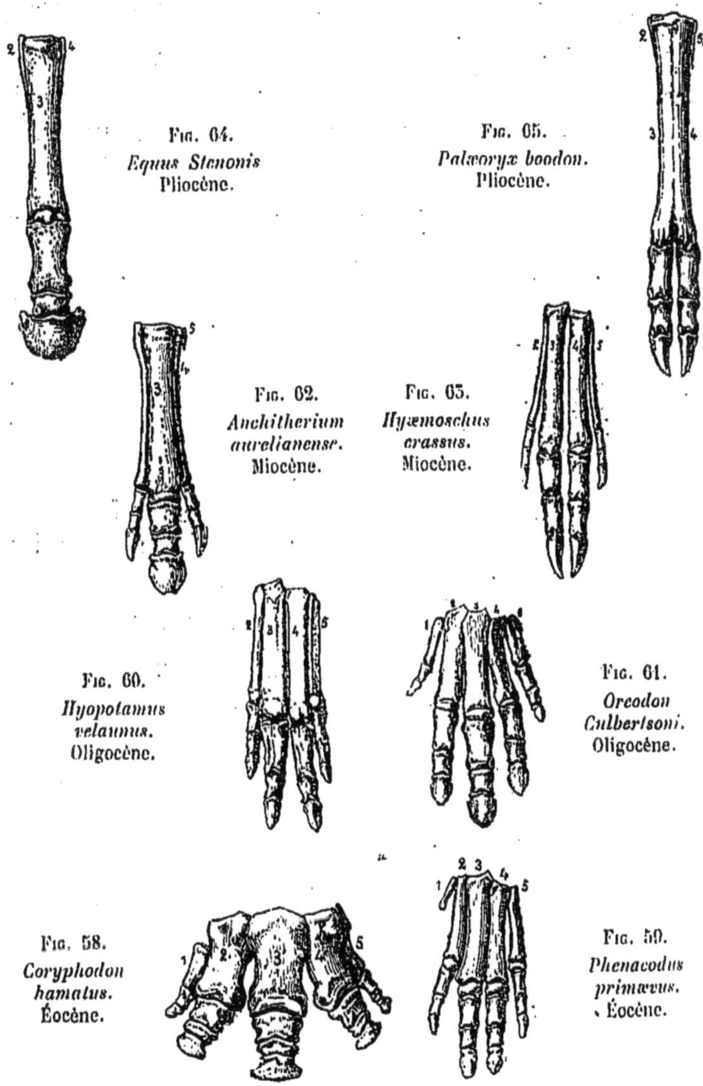

FIG. 64. *Equus Stenonis* Pliocène.

FIG. 65. *Palæoryx boodon.* Pliocène.

FIG. 62. *Anchitherium aurelianense.* Miocène.

FIG. 63. *Hyæmoschus crassus.* Miocène.

FIG. 60. *Hyopotamus velaunus.* Oligocène.

FIG. 61. *Oreodon Culbertsoni.* Oligocène.

FIG. 58. *Coryphodon hamatus.* Éocène.

FIG. 59. *Phenacodus primævus.* Éocène.

leurs pieds portés au summum de la simplification (*Palæoryx*, fig. 65).

De nos jours, les chevaux de course, les cerfs et les gazelles présentent les types les plus parfaits de locomotion rapide sur la terre ferme. En même temps les océans voient le règne des cétacés. Moquin-Tandon prétend que les dauphins *fendent les vagues plus rapidement qu'un oiseau traverse les airs*[1]. Quand on est sur un navire bon marcheur, on ne voit pas sans étonnement l'aisance avec laquelle les dauphins font le tour de ce navire. Or, c'est seulement à l'époque pliocène et à l'époque actuelle que ces puissants nageurs ont eu leur plus grand développement.

L'homme n'est point particulièrement rapide à la

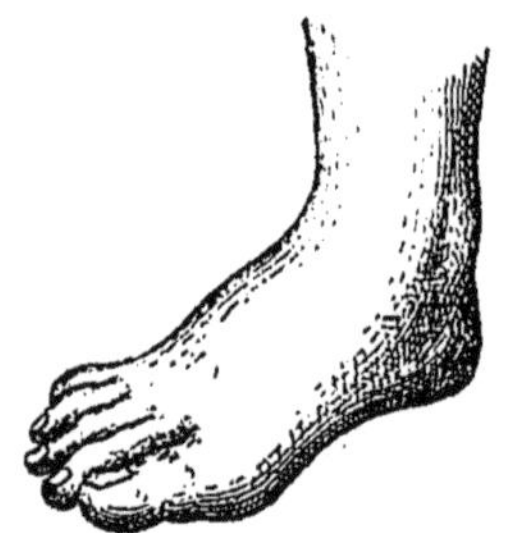

Fig. 66. — Pied humain droit, à 1/4 de grandeur (d'après Gervais).

Fig. 67. — Pied d'orang-outang droit, à 1/4 de grandeur (d'après Gervais).

course. Mais il est le mieux adapté de tous les êtres pour la station verticale. A cet égard le singe est très loin de lui; on ne peut pas en douter en regardant les figures 66 et 67. Dans le pied humain, les doigts occupent proportionnellement au tarse un espace plus large, la paume du pied forme par conséquent une plus large base; le pouce est le plus gros des doigts, tandis que,

1. *Le monde de la mer*, p. 610.

chez le singe, le pouce est très court et n'est guère plus épais que les autres doigts. Chez l'homme, le premier cunéiforme a une facette plate en rapport avec un métatarsien peu mobile, mais très fort, au lieu que chez le singe le premier cunéiforme a une facette arrondie sur laquelle tourne un pouce opposable aux autres doigts ; le nom de quadrumanes, justement donné aux singes, ne saurait s'appliquer à l'homme. Le singe est fait pour grimper, non pour rester debout. Comme on l'a dit depuis longtemps, l'homme est le seul être qui, dans sa marche ordinaire, regarde droit devant et au-dessus de lui.

Ainsi, à notre époque, on voit les baleines qui nagent le mieux, les oiseaux qui volent le mieux, les chevaux qui courent le mieux, l'homme qui marche le mieux. Nous pouvons dire que les fonctions de locomotion ont progressé depuis les anciens temps jusqu'à nos jours.

Histoire de la préhension.

Si les fonctions de locomotion sont importantes, celles de préhension le sont plus encore ; par la locomotion, un être se transporte vers les corps étrangers ; par la préhension, il les transporte près de lui, ou même en lui ; il fait acte de supériorité sur ce qu'il a saisi.

Cette fonction élevée n'est pas ancienne dans le monde. Pendant les temps primaires, elle était à l'état d'ébauche. Les cœlentérés et les échinodermes, alors très répandus, avaient sans doute comme de nos jours des tentacules au moyen desquels ils amenaient vers leur bouche les particules nutritives; c'est là une préhension rudimentaire.

Il est étrange qu'on ait donné le nom de brachiopodes[1] à des animaux qui n'ont ni bras, ni jambes. Les organes qu'on appelle leurs bras sont les homologues des palpes labiaux des mollusques; ils ne s'allongent point pour saisir une proie; souvent même ils sont immobilisés par des lames calcaires

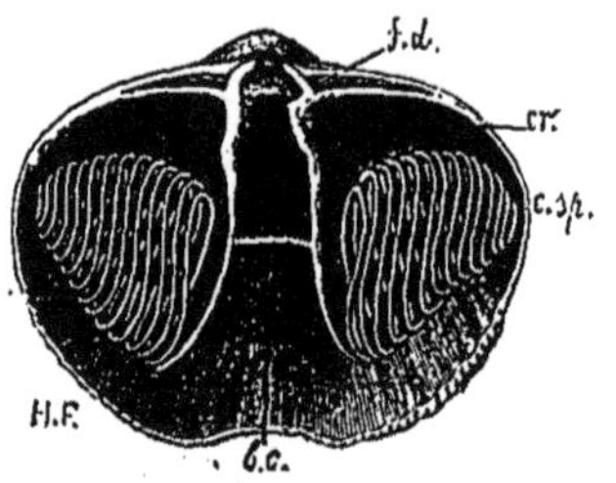

Fig. 68. — *Spiriferina rostrata*. grandeur naturelle, valve dorsale; *f.d.* fossettes dentaires; *cr.* crura: *b.c.* bandelette crurale; *c.sp.* cônes spiraux (d'après une préparation de M. Munier-Chalmas). — Liasien de Tournus (Saône-et-Loire).

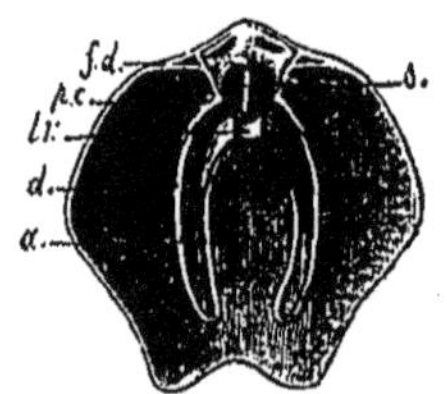

Fig. 69. — *Magellania* (*Zeilleria*) *quadrifida*, gr. nat. (d'après une préparation de M. Munier-Chalmas): *f.d.* foss. dent.; *s.* septum; *p.c.* pointes crurales; *tr.* bande transverse; *d.* lame descendante; *a.* lame ascendante. — Liasien des Granges.

(fig. 68 et 69); c'est dans les anciens âges que les brachiopodes ont eu leur règne. Ils n'étaient pas absolument dépourvus de mouvements volontaires; ils avaient des muscles pour ouvrir leur coquille et d'autres muscles pour la fermer; ils faisaient mouvoir les uns et les autres à leur gré; c'est la volonté dans un état bien rudimentaire.

1. Βραχίων, bras; πούς, ποδός, pied.

Sous le rapport de la préhension, la plupart des mollusques primaires n'ont pas été beaucoup plus avancés ; car les palpes labiaux des bivalves servent à conduire vers la bouche les éléments nutritifs, mais ils ne saisissent pas une proie. Si les ptéropodes d'autrefois n'étaient pas plus perfectionnés que ceux d'aujourd'hui, ils n'avaient pas de membres faits pour saisir. Les tentacules des gastropodes sont des organes de tact plutôt que de préhension. Fischer a dit que la *Glandina* se sert de ses énormes palpes labiaux pour envelopper sa proie; elle est une exception parmi les gastropodes actuels, et, comme elle appartient à l'ordre des pulmonés dont le développement n'a pris d'importance qu'à partir de l'ère tertiaire, nous n'avons point de motifs de croire qu'il y ait eu de semblables animaux dans les temps anciens. Plusieurs des gastropodes siphonostomes ont une trompe extensible renfermant une radule garnie de dents qu'on peut à certains égards regarder comme un organe de préhension ; j'ai dit dans un précédent chapitre que la multiplication des siphonostomes est d'une date relativement récente.

Les céphalopodes de nos mers s'éloignent des autres mollusques parce qu'ils ont de puissants instruments d'attaque; c'est une singulière chose que le contraste entre la petitesse du corps d'un poulpe et la grandeur de ses bras qui s'allongent, se contournent ainsi que des serpents, et sont munis de cupules ou de crochets par lesquels ils retiennent leur proie. On a trouvé des céphalopodes avec des bras garnis de crochets[1] dans les couches secondaires (fig. 70). Mais dans les terrains primaires on n'en a point découvert.

Sur nos rivages, à côté des poulpes à grands bras

FIG. 70. — Bras de céphalopode armés de griffes, grandeur naturelle. — Lias inférieur de Lyme Regis. (Collection du Muséum.)

préhensiles, il y a des homards et des crabes dont les pinces sont énormes proportionnément à la grosseur du

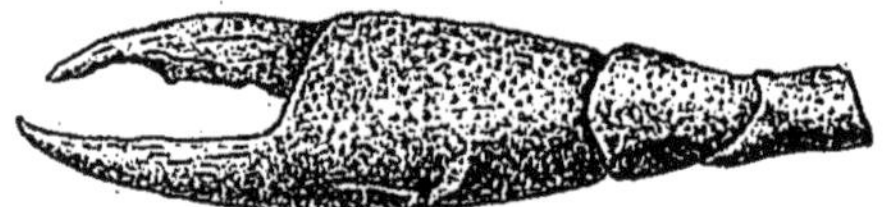

FIG. 71. — Patte d'*Hoploparia longimana*, grandeur naturelle. — Cénomanien de Lyme Regis.

corps; nous en rencontrons dans le Tertiaire, dans le Crétacé (fig. 71); quand nous nous enfonçons dans les couches jurassiques, nous ne découvrons plus que des

1. De grands crochets, recueillis dans les terrains jurassiques de l'Allemagne, ont été décrits sous le nom d'*Onychites* (ὄνυξ, υχος, ongle): on pense qu'ils pourraient provenir de très puissants céphalopodes.

décapodes à pinces moyennes, et, si nous descendons jusque dans le Primaire, nous ne voyons plus guère de crustacés à pinces. Les seuls articulés, munis de forts instruments de préhension, que l'on ait découverts dans les terrains anciens, sont les *Pterygotus*; j'ai déjà rappelé que ces étranges bêtes, dont quelques-unes ont atteint une grande taille, sont regardées comme des ancêtres des scorpions, disposés pour respirer dans l'eau. Il y avait aussi de vrais scorpions dont les

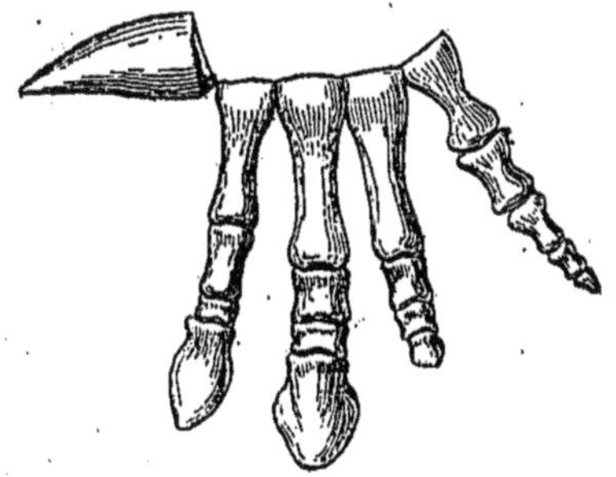

Fig. 72. — Patte de devant gauche d'*Iguanodon bernissartensis*, au 1/10 de grandeur (d'après M. Dollo). — Wealdien de Bernissart.

Fig. 73. — Patte de devant gauche d'*Anchisaurus colurus*, à 1/4 de grandeur (d'après M. Marsh). — Trias du Connecticut.

antennes étaient armées de pinces; ceux-là étaient des êtres chétifs.

A l'époque secondaire, plusieurs dinosauriens avaient de puissantes mains. L'*Iguanodon* (fig. 72), avec son énorme pouce pointu, devait transpercer ses ennemis, et l'*Anchisaurus* (fig. 73) possédait des phalanges onguéales crochues pour déchirer sa proie. Mais le pouce de ces animaux n'était pas opposable aux autres doigts et par conséquent il ne formait pas, comme chez les mammifères les plus élevés, une pince capable de saisir des objets délicats[1]. Les *Plesiosaurus*[2] avaient un long cou avec lequel ils ont pu redresser leur tête pour attraper les animaux qui volaient, ou l'enfoncer dans l'eau pour prendre ceux qui nageaient; c'était leur bec qui remplissait les fonctions de préhension; leurs membres ne servaient qu'à la natation.

Plusieurs reptiles, au lieu de saisir leur proie avec leurs membres ou leur bec, s'enroulent autour d'elle et la compriment tellement qu'ils la broient : « *La colonne vertébrale des serpents*, a dit R. Owen, *est un appareil parfaitement ajusté pour remplir les fonctions de mains, de pieds, de nageoires; elle leur permet de grimper mieux que le singe, de nager mieux que le poisson, de sauter mieux que la gerboise, de lutter mieux que le tigre.* » Ce mode redoutable de préhension ne paraît pas être d'une date très ancienne, car les serpents n'ont guère laissé de débris au-dessous du Tertiaire[3]. On rencontre dans le Crétacé des reptiles marins auxquels M. Cope a donné le nom de pythonomorphes, parce qu'ils ont eu certaines apparences de gigantesques serpents de mer. Quelques-uns d'entre eux, comme *Clidastes*, ont eu leurs vertèbres renforcées par des zygosphènes (fig. 74) et des zygantrums (fig. 75); c'est là une complication caractéristique des serpents. Mais M. Vaillant m'a communiqué des vertèbres d'iguanes qui la présentent éga-

1. De nos jours, le caméléon a des doigts opposables; il s'en sert pour grimper, non pour porter les objets à sa bouche; son instrument de préhension est sa langue, qu'il projette à une distance prodigieuse.

2. *Enchaînements. Fossiles secondaires*, fig. 276, page 189.

3. On en a cité des traces dans le Crétacé de la France et du Portugal.

lement[1] et, en comparant les vertèbres de *Clidastes*, j'ai remarqué que leurs zygosphènes ressemblent bien plus à celles des iguanes qu'à celles des serpents; elles sont placées moins haut, sont plus courtes d'avant en arrière et plus serrées ainsi que dans les iguanes; or ces derniers sont des herbivores qui ne s'enroulent pas autour d'une proie; nous ne pouvons donc affirmer que les

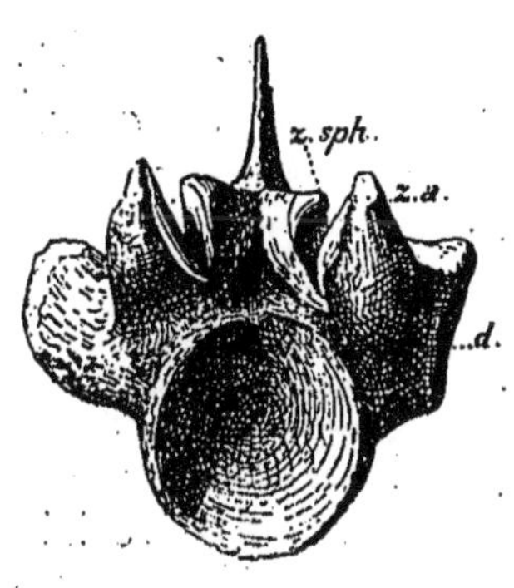

Fig. 74. — Vertèbre dorsale de *Clidastes velox* vue en avant pour montrer le zygosphène *z. sph.*; *z.a.* zygapophyse antérieure; *d.* diapophyse. — Donné au Muséum par M. Zittel. Crétacé du Kansas.

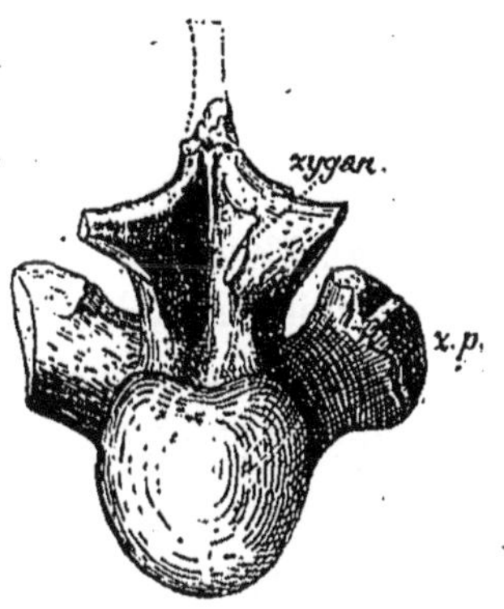

Fig. 75. — Même vertèbre vue en arrière pour montrer les zygantrum *zygan.* les zygapophyses postérieures, *z.p.* — Donné au Muséum par M. Zittel. Crétacé du Kansas.

pythonomorphes, tout en étant carnivores, aient attaqué leurs victimes comme les serpents.

C'est seulement chez les mammifères que la préhension atteint sa perfection; mais il y a parmi eux une extrême inégalité à cet égard. Les uns ne saisissent qu'avec les mâchoires, d'autres avec le nez, d'autres avec les membres.

1. Les zygosphènes et zygantrums ne se constatent pas seulement chez les reptiles; ils sont très marqués sur des vertèbres lombaires de *Megatherium* qui sont dans notre laboratoire.

L'allongement des mâchoires et du cou est d'autant plus considérable que les animaux sont plus incapables de faire usage de leurs membres ou de leur nez pour prendre leur nourriture; ainsi la face est en général portée très en avant chez les ongulés tels que les *Coryphodon* éocènes, les *Anthracotherium* oligocènes, les *Hipparion* miocènes, les chevaux pliocènes ou actuels (fig. 76). Les *Canis* (fig. 77), qui se servent peu de leurs pattes pour saisir, ont une face plus longue que les lions (fig. 78), dont les pattes déchirent; les lions ont une face moins courte que les singes (fig 79) où le pouce est opposable aux autres doigts; les singes ont une face moins droite que l'homme (fig. 80).

De nos jours, les éléphants présentent un singulier mode de préhension

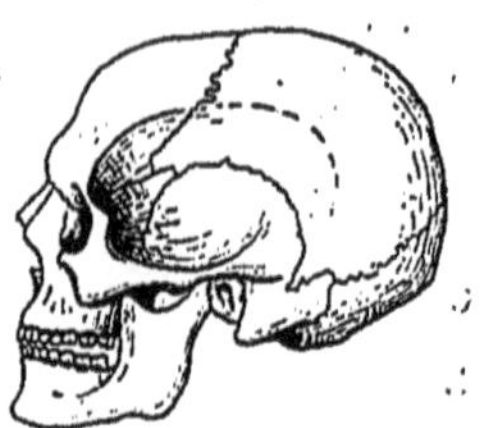
FIG. 80. — *Homo sapiens.*

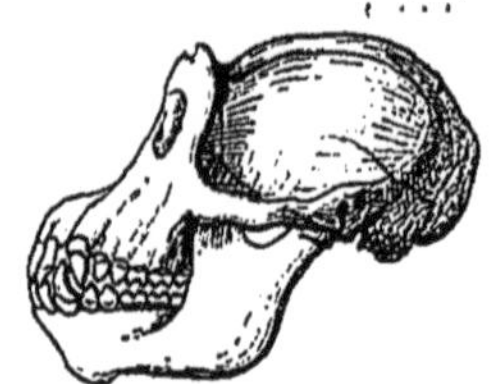
FIG. 79. — *Troglodytes niger.*

FIG. 78. — *Felis leo.*

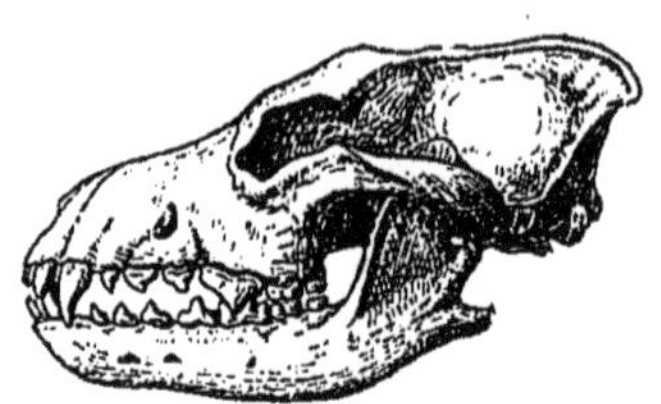
FIG. 77. — *Canis lupus.*

FIG. 76. — *Equus caballus.*

qui leur a fait donner le nom de proboscidiens[1]; leur nez allongé leur tient lieu de main (fig. 81); c'est là une disposition avantageuse chez des quadrupèdes qui ont besoin de leurs quatre membres pour soutenir la masse pesante de leur corps; grâce à sa trompe, le majestueux éléphant n'est pas obligé de se pencher vers la terre; quand il veut prendre sa nourriture, il garde la tête haute. La trompe remplit des fonctions très diverses, non seulement chez les individus domestiqués dont on admire les tours dans les foires, mais chez les éléphants sauvages. Livingstone a dit[2]: « *Bien que les fruits du Mokoronga ne soient pas plus gros qu'une cerise, j'ai vu des éléphants les cueillir avec patience et les manger un à un pendant une heure de suite.* » Suivant Delegorgue[3], l'éléphant femelle en se sauvant tient avec sa trompe celle de son éléphanteau caché sous elle comme une mère qui tirerait son enfant par le bras. Le même voyageur écrit[4] : « *Quand la chaleur devient accablante, l'éléphant recherche les rivières au sable pur... et là, ramassant du sable mouillé, il s'en jette sur toutes les parties du corps... puis il*

FIG. 81.
Elephas indicus (d'après Gervais).

1. Προβοσκίς, ίδος, trompe.
2. Livingstone. *Explorations dans l'intérieur de l'Afrique australe*, p. 669, in-8°, 1859. (Traduction de Mme Loreau.)
3. Delegorgue. Ouvrage cité, vol. I, p. 548.
4. Delegorgue. Ouvrage cité, vol. I, p. 574.

s'arrose en tous sens, apportant à sa toilette la même minutie qu'un fashionable type. » Il est intéressant de noter que ce mode de préhension si perfectionné ne remonte pas loin. A en juger par les os du nez, on peut croire que certains *Palæotherium* et le *Titanotherium* avaient une trompe; mais elle devait être très petite. C'est seulement à l'époque miocène que nous voyons apparaître les proboscidiens. Ils se sont manifestés d'abord sous la forme de *Dinotherium* et de *Mastodon*. Il est possible que ces animaux n'aient pas tous été munis d'une trompe semblable à celle des éléphants actuels; je comprends mal comment le *Mastodon angustidens*, avec son menton si prolongé et ses quatre défenses, abaissait sa trompe. Les vrais éléphants ne datent que du Pliocène.

Plusieurs onguiculés ne se servent guère de leurs membres que pour la locomotion. D'autres, comme les insectivores et les rongeurs, saisissent avec leurs membres de devant; mais ils n'ont pas les pouces opposables; c'est pourquoi, lorsqu'un écureuil ou un autre rongeur porte un objet à sa bouche, il est obligé d'employer les deux mains. Chez les carnivores, les pouces ne sont pas plus opposables que chez les rongeurs; la disposition de leurs doigts leur donne une grande force pour déchirer, non pour manier un objet. Il devait en être ainsi chez les genres tertiaires, comme le montre la figure 82, qui représente une patte du *Machairodus*, le plus terrible carnivore des temps passés.

Les quadrumanes sont les seuls animaux qui aient une préhension complète, car ils sont les seuls où le pouce soit opposable aux autres doigts. Ils ont existé dès le commencement des temps tertiaires; cependant ce n'étaient encore que des lémuriens; les vrais singes n'ont apparu qu'à l'époque miocène.

Les membres de l'homme offrent un exemple frappant de division du travail; tandis que les quadrumanes se servent également de leurs membres de devant et de derrière pour saisir ou grimper, l'homme, qui est un bimane, marche avec ses pieds et saisit avec ses mains d'une habileté incomparable. Assurément nulle créature ne saurait, ainsi que lui, jouer des instruments de musique, manier le pinceau et faire mille ouvrages d'une exquise finesse.

FIG. 82. — *Machairodus cultridens*, au 1/3 de grandeur, patte de devant gauche. — Miocène supérieur de Pikermi.

Nous pouvons conclure de cet examen que la préhension, comme la locomotion, s'est développée peu à peu chez les êtres animés; les facultés d'activité, vaguement esquissées au début, sont aujourd'hui dans toute leur magnificence. Quand nous contemplons les progrès dont notre siècle a été le témoin, nous nous demandons où pourra parvenir l'activité humaine.

CHAPITRE VI

PROGRÈS DE LA SENSIBILITÉ

Les philosophes partagent les faits de sensibilité en deux ordres : les sensations, c'est-à-dire les impressions produites par des êtres ou des choses en dehors de nous; les sentiments affectifs, qui nous portent pour ou contre les êtres et les choses qui ont fait impression sur notre corps ou sur notre âme. Nous suivrons le même ordre pour étudier l'histoire du développement de la sensibilité dans l'ensemble du monde.

Les manifestations de la nature qui donnent lieu aux sensations de la vue, de l'ouïe, de l'odorat, du goût et du toucher semblent être devenues de plus en plus intenses, à mesure que les temps géologiques se déroulaient; sans doute, les sensations ont progressé en même temps.

Histoire de la vue.

La forme et la couleur n'ont pas une valeur purement subjective; elles ont existé avant qu'il y eût des êtres pour les percevoir. Nous n'avons pas de raisons de douter que, pendant l'ère azoïque, le ciel et les eaux aient offert des spectacles magnifiques et qu'il y ait eu des minéraux de toute forme et de toute couleur.

Dans le monde animé, la forme et la couleur paraissent n'avoir eu leur diversité qu'à une époque relativement peu ancienne. Lors des temps houillers, la vie était déjà loin de ses débuts; elle avait accompli beaucoup plus de moitié de sa course dans l'immensité des âges passés. Pourtant ni les plantes, ni les animaux n'ont dû présenter des formes et des couleurs comparables à celles qu'on voit aujourd'hui. Il n'y avait pas de fleurs. Les *Lepidodendron*, les *Sigillaria*, les fougères et les autres arbres houillers, qui atteignaient des dimensions élevées et composaient des forêts majestueuses, n'avaient pas les variétés de formes et de couleurs que nous admirons dans la nature actuelle. C'est seulement au milieu de l'ère secondaire[1] qu'ont apparu les angiospermes chez lesquels les fleurs et les fruits ont des teintes magnifiques.

Les animaux, aussi bien que les plantes, se sont ornés de plus en plus pendant la succession des âges géologiques. Les créatures, qui semblent avoir le privilège d'être le mieux peintes, sont les insectes et les oiseaux. M. Charles Brongniart a constaté que plusieurs insectes houillers ont eu des colorations; mais sans doute les coléoptères, les papillons, les hémiptères vivant sur les fleurs, ont des teintes plus éclatantes; ils n'ont dû avoir

1. Les importants travaux de Saporta sur les plantes fossiles du Portugal ont montré que la multiplication des dicotylédones a eu lieu pendant l'ère secondaire.

leur complet développement qu'à l'époque tertiaire. C'est aussi à cette époque que le règne des oiseaux a commencé.

Comme tout est harmonie dans la nature, nous pensons que le sens de la vue a augmenté à mesure que les formes et les couleurs ont été mieux accusées. En effet, il est vraisemblable que les cœlentérés et les échinodermes ont eu, ainsi que de nos jours, peu ou point de vision. Les brachiopodes actuels à l'état embryonnaire ont quelquefois des yeux, mais ils les perdent à l'état

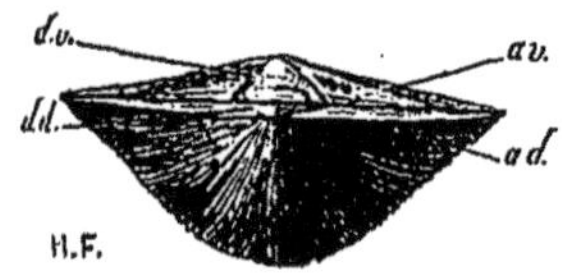

FIG. 83. — *Streptorhynchus umbraculum*, aux 2/3 de grandeur, vu sur la face cardinale de manière à montrer son deltidium ventral *d.v.*, son deltidium dorsal *d.d.*, son aréa ventrale *a.v.* et son aréa dorsale *a.d.* — Dévonien de Gerolstein, Eifel.

adulte; je suppose qu'il en était de même dans les temps géologiques, car les yeux ne servaient à rien chez des êtres complètement enfermés dans leur coquille[1] (fig. 83).

Il en est aujourd'hui de la plupart des mollusques bivalves comme des brachiopodes. Chez certains d'entre eux, tels que les spondyles et les peignes, des ocelles se développent sur les bords du manteau; ce sont de petits globes ayant chacun une cornée, un cristallin et un nerf optique; nous ne saurions dire si cette singulière conformation a existé chez les espèces anciennes.

1. Généralement la vision ne se produit point, quand elle n'a pas occasion de s'exercer; les colimaçons et les protées des grottes de la Carniole ont rarement leurs yeux assez développés pour leur permettre de voir.

Parmi les gastropodes, beaucoup sont aveugles, d'autres ont des yeux; mais, sauf chez les strombidés, la vision a très peu de portée[1]. Comme les strombidés sont des gastropodes très avancés qu'on n'a pas encore découverts avant le Crétacé, nous pouvons croire que les gastropodes primaires ont eu une vision faible.

Les céphalopodes de nos côtes, notamment les poulpes, nous frappent par l'expression de leurs yeux. Mais le sens de la vue a dû être moins parfait dans les genres primaires, voisins des nautiles qui n'ont ni cornée, ni cristallin. Il est même probable qu'il n'y avait aucune vision chez les céphalopodes tels que les *Gomphoceras*, où l'ouverture de la coquille était très contractée (fig. 21)[2]. A l'époque secondaire, le sens de la vue a dû faire des progrès chez les céphalopodes; d'une part il n'y avait plus d'animaux enfermés dans une coquille où ils ne pouvaient voir ce qui se passait en dehors d'eux; d'autre part, beaucoup de genres[3] étaient voisins de nos calmars munis de grands yeux.

M. Künckel d'Herculais, rappelant des expériences qui ont été faites sur de petits crustacés phyllopodes, les daphnés, écrit[4] : « *Il y a toute probabilité, pour ne pas dire certitude, que les crustacés voient les objets colorés*

1. Fischer dit que les colimaçons ne distinguent les objets qu'à un demi-centimètre de distance dans le jour; ils sont donc très myopes; dans l'obscurité, ils voient plus loin. Les cyclostomes et les paludines voient à 20 ou 30 centimètres de distance.

2. *Enchaînements, Fossiles primaires*, p. 156, fig. 159; p. 167, fig. 155 à 163. L'ouverture était également contractée chez *Glossoceras*, *Phragmoceras*, *Lituites*, *Hercoceras*, *Adelphoceras*.

3. *Loligo*, *Teudopsis*, *Belemnosepia*.

4. Brehm. *Les merveilles de la nature. Crustacés*, par Künckel d'Herculais, p. 646.

comme nous les voyons, et, s'ils les voient avec leurs couleurs propres, il n'y a aucune raison pour qu'ils ne les voient pas avec leurs formes; ils n'ont certes pas, étant donnés les milieux, une vue à longue portée; mais, à petite distance, ils doivent avoir une netteté absolue. » D'après cela, nous pouvons croire que les crustacés inférieurs, dont le règne

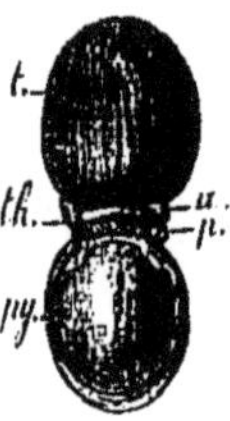

FIG. 84. — *Agnostus nudus*, grandi 2 fois : *t.* tête; *th.* segment thoracique; *a.* leur anneau; *p.* plèvre : *py.* pygidium. — Cambrien de Skrey, Bohême.

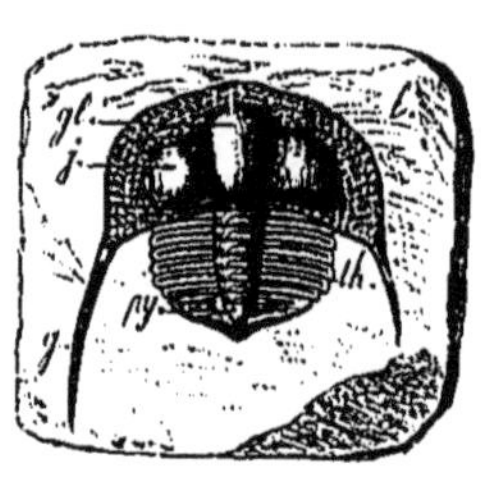

FIG. 85. — *Trinucleus ornatus*, grandeur naturelle : *gl.* glabelle : *j.* joue; *g.* pointe génale; *l.* limbe : *th.* thorax; *py.* pygidium. — Étage D. Trubin, Bohême.

a eu lieu durant l'ère primaire, ont joui de la vision.

Nous remarquons une extrême inégalité dans les yeux des trilobites des divers pays. *Agnostus* (fig. 84) et *Conocephalites* sont dépourvus d'organes de vision :

FIG. 86. — Œil de *Dalmanites verrucosa*, grandi deux fois et demie, vu de côté. Silurien supérieur de Waldron, Indiana. Donné au Muséum par M. de Cessac.

Trinucleus (fig. 85) en a dans le jeune âge et les perd à l'état adulte; *Harpes* possède seulement trois ocelles dans chaque œil. En général les yeux sont formés de nombreuses lentilles, comme le montre la figure 86. Suivant Barrande, l'œil est composé de 350 lentilles chez *Proetus*, de 12000 chez *Asaphus*, de 15000 chez *Remopleurides*, soit pour les deux yeux 30000 lentilles, dont sans doute chacune recevait une branche de nerf optique : on a là un exemple de répétition de parties semblables portée à l'extrême. Assurément nous sommes émerveillés d'une telle complication dans des créatures d'une si grande antiquité. Mais nous ne saurions en conclure que l'organe de la vue a atteint tout son perfectionnement dès les temps primaires, car probablement les trente mille ocelles de *Remopleurides* ne valaient pas les deux beaux yeux des mammifères actuels.

M. Charles Barrois, dans une récente communication à la Société géologique du Nord, où l'on étudie si bien tout ce qui se rapporte aux temps anciens, raconte que M. Matthew vient de signaler un fait curieux au sujet de la vision des premiers trilobites. Il a remarqué que, dans le Cambrien le plus inférieur du Canada, tous les trilobites ont eu des bourrelets oculaires bien développés, que ces bourrelets ont diminué dans le Cambrien moyen et encore davantage dans le Cambrien supérieur : voilà des mutations très inattendues. Si on en découvrait beaucoup de cette sorte, il ne faudrait pas toujours représenter les progrès du monde animé par des lignes droites, mais quelquefois par des lignes flexueuses.

Quoique les organes de vision aient été déjà bien développés chez les crustacés primaires, ils n'ont eu tout leur perfectionnement que dans l'ère secondaire. Alors que nul naturaliste ne pensait à l'évolution des êtres des temps géologiques, M. Henri Milne Edwards a divisé les crustacés ordinaires en deux groupes suivant la disposition des yeux; il a appelé édriophthalmes[1], ceux dont les yeux ne sont point portés sur un pédoncule mobile, et podophthalmes[2], ceux qui ont les yeux portés sur un pédoncule. Cette division coïncide avec l'histoire paléontologique des crustacés : les ostracodes, les trilobites[3], les mérostomes qui sont des édriophthalmes

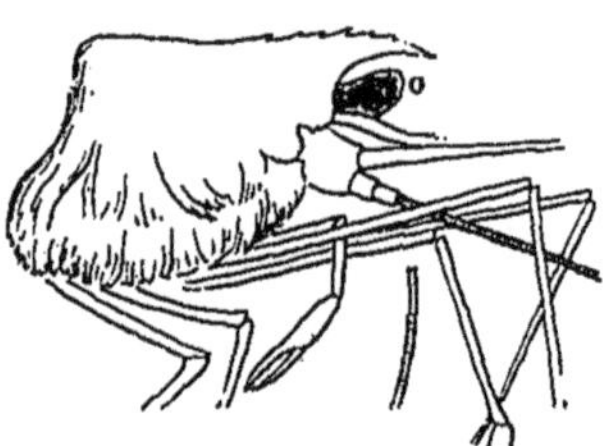

Fig. 87. — Céphalothorax de *Dusa denticulata*, sur lequel l'œil *o*. est bien conservé (d'après Oppel). — Pierre lithographique d'Eichstätt.

ont régné dans le Primaire. Les podophthalmes (stomapodes et décapodes) ont eu des avant-coureurs dans le Primaire[4], mais c'est seulement à partir du Secondaire qu'ils ont pris de l'importance. Leurs yeux, portés sur des pédoncules qui tournent en tous sens, doivent leur donner une supériorité; Oppell a publié plusieurs figures de crustacés de Solenhofen qui montrent cette disposition (fig. 87).

1. Ἕδραῖος, sessile; ὀφθαλμὸς, œil.
2. Ποῦς, ποδὸς, pied, et ὀφθαλμὸς.
3. Quelques trilobites, *Calymene ceratophthalma*, *Asaphus expansus* et *Acidaspis*, ont eu leurs yeux portés sur un pédoncule, mais ce pédoncule n'était pas mobile.
4. Les phyllocaridés, dont on trouve des spécimens dans les terrains primaires, sont des podophthalmes.

Les insectes primaires avaient de grands yeux composés et sessiles; la figure 88 en offre un exemple. On peut croire que leur vision était la même que chez les insectes actuels.

Il paraît que, dans les poissons des types les plus anciens, on a trouvé des pièces oculaires. En 1861,

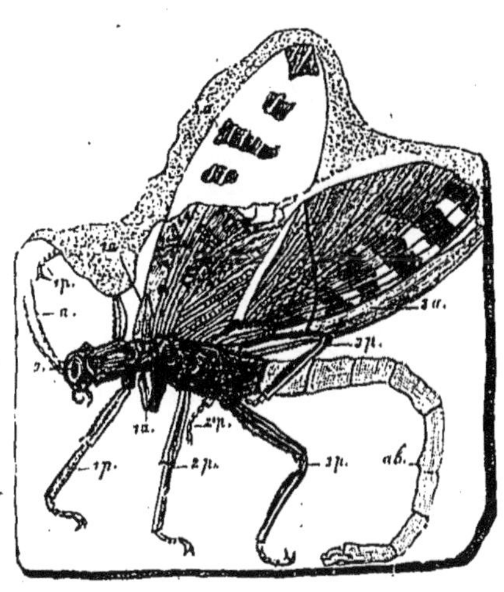

Fig. 88. — *Protophasma Dumasi*, à 1/2 grandeur : *a*. antennes; *o*. œil; 1*p*., 2*p*., 3*p*. première, seconde et troisième paires de pattes; 1*a*. ailes de la première paire; 2*a*. ailes de la seconde paire; *ab*. restauration imaginaire de l'abdomen (d'après M. Charles Brongniart). — Partie supérieure du houiller, Commentry, Allier.

Richard Owen annonça que Page avait obtenu un *Cephalaspis* de la base du Dévonien d'Écosse avec une capsule de globe oculaire. Newberry a signalé dans l'orbite des *Dinichthys* du Carbonifère inférieur quatre plaques ossifiées; en outre, il a observé, vers le devant de la tête des mêmes animaux, des os fort singuliers en forme de coupes avec un trou dans le milieu; je reproduis ses figures (fig. 89, A, B). « *Ces corps*, dit-il[1], *m'ont causé un grand embarras. Je fus porté d'abord à les considérer comme des otolites, mais leur disposition en verres de montre avec une perforation centrale et des rayons très réguliers me semblaient*

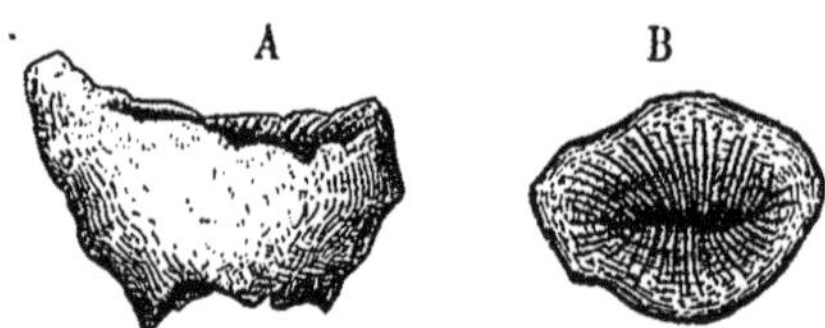

Fig. 89. — Capsule de l'œil du *Dinichthys Terrelli* à 1/2 grandeur; A. vue de profil; B. vue en dessus (d'après Newberry). — Cleveland shale. Carbonifère inférieur.

des caractères qui ne se montrent dans aucun des otolites de poissons.... Une étude des organes de la vue dans les poissons des différents groupes m'a donné la conviction que les corps

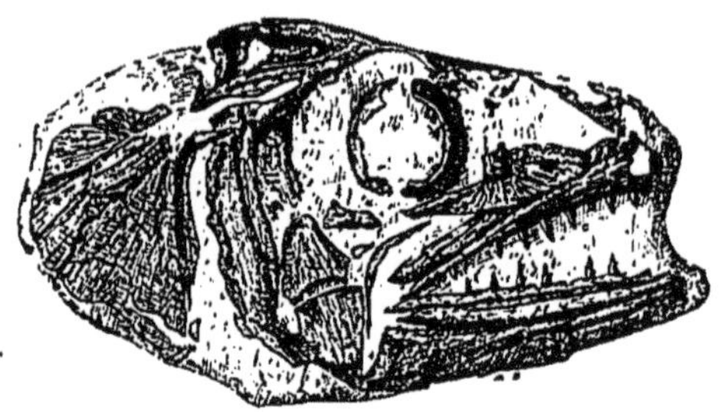

Fig. 90. — Tête de *Cybium macropomum*, au 1/5 de grandeur. — Éocène de Sheppy. (Collection du Muséum.)

des Dinichthys sont des capsules optiques qui soutenaient le cristallin et l'humeur vitrée. » Chez les poissons d'époques moins anciennes, il n'est pas rare de voir les pièces dures de la sclérotique qui se sont conservées (fig. 90).

1. Newberry. *The palæozoic fishes of North America*, in-4°. Washington, p. 147, 1889.

Dès leurs débuts, les quadrupèdes paraissent avoir eu des organes de vision bien développés. Les *Archegosaurus* du Primaire[1], les *Ichthyosaurus* du Secondaire ont dans leurs orbites un cercle de pièces osseuses qui, renforçant la sclérotique (fig. 91), servaient à comprimer l'œil plus ou moins, et par conséquent à varier la distance de la vision; c'était un instrument d'optique très perfectionné. Les animaux marins n'étaient pas les seuls dont la sclérotique fût ossifiée. Les reptiles volants

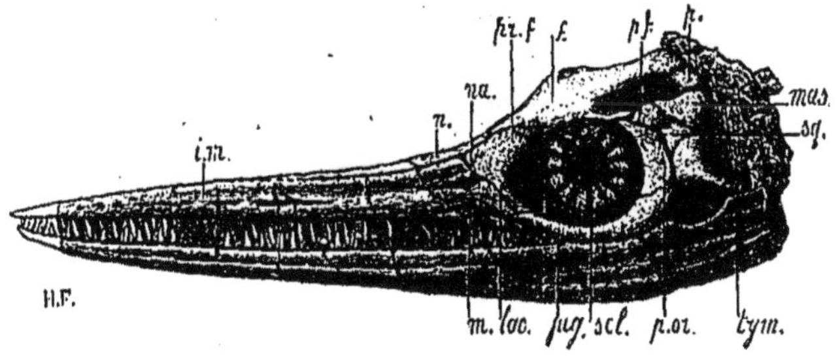

Fig. 91. — Tête de l'*Ichthyosaurus communis*, vue de profil à 1/10 de grandeur : *i.m.* inter-maxillaire; *m.* maxillaire; *jug.* jugal; *n.* os nasaux; *na.* ouverture externe des narines; *lac.* lacrymal; *pr.f.* préfrontal; *f.* frontal; *p.f.* post-frontal; *p.or.* post-orbitaire; *p.* pariétal; *scl.* pièces osseuses de la sclérotique; *sq.* squameux; *mas.* mastoïde; *tym.* tympanique. — Lias de Lyme Regis.

avaient une conformation semblable, comme on en peut juger par la figure 92. Encore aujourd'hui les lézards, les tortues et les oiseaux offrent des exemples de cette disposition.

Quoique la vision ait été bien constituée chez les êtres des temps primaires et secondaires, elle a sans doute été plus parfaite à partir de l'ère tertiaire, car alors ont eu

1. M. Fritsch, dans son bel ouvrage sur les fossiles permiens de la Bohême, a donné des figures du *Melanerpeton* et du *Limnerpeton*, qui montrent de semblables pièces.

lieu le règne des oiseaux qui passent à juste titre pour les animaux dont la vue est la plus perçante et le règne des mammifères, chez lesquels les yeux ont moins de portée, mais possèdent le merveilleux privilège de laisser lire les sentiments de crainte ou de plaisir, de haine ou d'amour. Les phoques sur les rivages des mers, les cerfs dans nos forêts ont un regard si doux, au moment où les chasseurs vont leur donner le coup mortel, que ceux-ci éprouvent parfois une sorte de remords à tuer

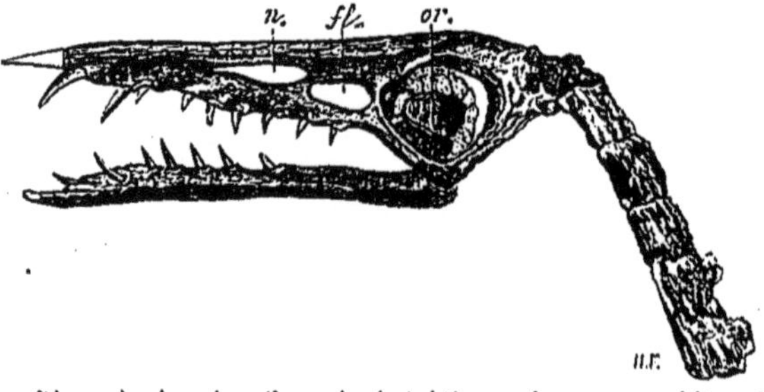

FIG. 92. — *Rhamphorhynchus Gemmingi*, à 1/2 grandeur : *or.* orbite ; *f.l.* fente lacrymale ; *n.* narine (d'après M. Zittel). Le bout du bec a été rétabli d'après une figure donnée par H. de Meyer dans ses *Reptiles des schistes lithographiques*. — Solenhofen.

ces inoffensives créatures. On ne peut avoir possédé un chien sans avoir aimé l'expression de ses yeux. J'ai connu dans mon enfance un chien qui était borgne ; le seul œil qui lui restât était si pénétrant que son souvenir me suit après bien des années écoulées. Et que dirons-nous donc des yeux des créatures humaines? Il en est de si beaux, de si tendres qu'ils allument des passions ardentes et inspirent des dévouements sublimes.

Ainsi le sens de la vue, qui est le plus indispensable au complet épanouissement de nos facultés, s'est perfectionné depuis les anciens temps géologiques jusqu'à nos jours.

Histoire de l'ouïe.

De même que les formes et les couleurs, les chants de la nature ont progressé pendant le cours des âges. Lorsque nous entendons dans le lointain une troupe de chanteurs, les sons arrivent si vagues à nos oreilles que, tout d'abord, nous pouvons nous demander si nous rêvons ou si vraiment nous distinguons quelque chose. A mesure que la troupe des chanteurs se rapproche, nous entendons mieux, et enfin, lorsqu'elle est près de nous, la musique paraît dans tout son éclat. Ainsi en a-t-il été des chants de la nature, entendus à travers les âges géologiques; peu perceptibles à leur début, ils ont progressé et ils ont fini par acquérir des sonorités incomparables.

Dans les jours cambriens et siluriens, la terre était silencieuse. On peut croire que des sons faibles ont commencé à l'époque dévonienne; car, au Canada, un terrain de cette époque a fourni à M. Dawson l'aile d'un insecte, le *Xenoneura*, dont la base avait des stries qui, suivant l'habile entomologiste M. Scudder, rappelleraient l'appareil stridulant des cricris actuels : « *Cette structure*, dit M. Dawson, *si elle a été bien interprétée par M. Scudder, nous fait connaître les bruits du monde dévonien; elle apporte à notre imagination le chant cadencé et le murmure* (trill and hum) *de la vie des insectes qui animaient les solitudes des étranges forêts d'autrefois*[1]. »

1. M. Charles Brongniart m'a exprimé des doutes sur l'existence d'un appareil stridulant chez le *Xenoneura*.

J'ai rappelé que les campagnes houillères manquaient de couleur; j'ajoute qu'elles n'étaient pas plus avancées au point de vue de la musique qu'au point de vue de la peinture; la nature était triste; on n'entendait ni cris de mammifères, ni chants d'oiseaux; alors nul n'aurait pu dire, comme le bon Livingstone sur les bords du Liambye : « *On voit partout des fleurs d'une forme curieuse et d'une admirable beauté.... Des chants d'oiseaux retentissent dans l'air aussitôt que le jour paraît, chants sonores et variés qui étonnent par leur puissance.* »

Peut-être les bruits de la nature ont augmenté dans les temps secondaires. De nos jours, le crocodile ulule, le serpent siffle, la grenouille coasse; il y a des crapauds dont la voix a des notes très pures; M. Lataste, auquel on doit beaucoup d'observations sur les mœurs des animaux, a écrit à propos du sonneur (*Bombinator*[1]) : « *Un soir je m'étais approché d'une mare... j'entendis s'élever une voix excessivement faible. C'était un ramage assez varié, une broderie très délicate, comme le gazouillement d'un oiseau qui rêve.... J'allais croire ce chant produit par un oiseau endormi, quand peu à peu il se renforça, se modifia et passa avec ménagement aux houhou habituels du sonneur. Je venais d'entendre les préludes de cet artiste.* » Agassiz[2], sur les rives de l'Amazone, a été surpris du vacarme produit par les grenouilles et les crapauds. Si de modestes batraciens troublent ainsi le silence des campagnes, il est permis de croire que les

1. Citation dans les *Merveilles de la Nature, Les Reptiles et les Batraciens*, p. 580.

2. Agassiz, *Voyage au Brésil*, p. 391.

dinosauriens gigantesques et d'autres reptiles ont fait retentir les continents secondaires des échos de leurs fortes voix; mais leurs cris devaient être assez monotones. Les oiseaux et les mammifères n'avaient pas commencé leurs grands concerts. C'est seulement à partir de l'ère tertiaire que ces concerts ont pu avoir toute leur magnificence.

Aujourd'hui les jolies chansons des oiseaux sont un des charmes du monde animé. J'ai connu M. Lescuyer, le naturaliste champenois qui a publié des livres si intéressants sur les mœurs des oiseaux. Quand il était déjà dans un âge avancé, il me racontait qu'un de ses plus vifs plaisirs était d'aller passer des nuits dans les bois; il écoutait la voix des oiseaux et prenait note de leurs chants.

Pendant que ces merveilleux musiciens font entendre les airs les plus variés, les mammifères ont aussi des cris divers : les ruminants bêlent, beuglent, mugissent ou brament; les solipèdes braient ou hennissent; le sanglier grogne, le chien aboie, le loup hurle, le renard glapit, le chat miaule, le lion rugit, le singe crie, l'homme parle. Ainsi, au point de vue de la musique comme de la peinture, le monde a progressé.

Les organes de l'ouïe ont dû se perfectionner en même temps que les bruits de la nature. Ils semblent avoir été peu développés chez les êtres du commencement du Primaire. Il y avait parmi eux des polypes et des spongiaires, sans doute dépourvus de vésicules auditives comme ceux d'aujourd'hui. Les premiers êtres, qui ont joui du privilège de recueillir des sons, ont pu être les méduses. M. Nathorst en Suède et M. Walcott aux États-Unis ont attribué à ces animaux d'étranges empreintes (fig. 93) trouvées dans le Cambrien inférieur. On prétend que, malgré leur apparence d'extrême simplicité, les méduses ont, au bord de leur ombrelle, des corpuscules dont les uns sont des ocelles et les autres sont des vésicules auditives; il n'est pas impossible que

Fig. 93. — *Dactyloidites asteroides*, au 1/3 de grandeur (d'après M. Walcott). Cambrien inférieur de Middle Granville, État de New-York.

ces corpuscules aient existé autrefois et aient eu les mêmes fonctions.

L'embranchement des échinodermes, très répandu dès les temps anciens, est représenté aujourd'hui par des animaux qui, à l'exception des holothuries, sont privés d'organes d'audition. Chez les holothuries du genre *Synapta*, M. Baur a remarqué cinq paires de vésicules auditives; j'ai dit que ces échinodermes n'ont pas été découverts dans des terrains plus profonds que le Lias.

Les brachiopodes des genres *Lingula* et *Discina*, qui

vivaient déjà à l'époque cambrienne, ont aujourd'hui des vésicules auditives (otocystes[1]) avec des otolites. Il en est de même des mollusques de différentes classes. Fischer a écrit : « *Malgré l'existence d'un appareil auditif, les mollusques paraissent insensibles au son.* » Nous pouvons donc supposer que, si les brachiopodes et les mollusques des temps anciens ont eu un organe de l'ouïe, cet organe avait des fonctions très bornées.

Les crustacés ont également des vésicules auditives avec des otolites. Plusieurs insectes ont un tympan; chez d'autres, l'appareil auditif n'est pas encore connu; il en est ainsi chez les arachnides. Cela n'empêche pas ces animaux d'entendre des sons; il a pu en être de même dans les âges primaires.

Jusqu'à présent peu de paléontologistes ont eu l'occasion d'étudier les oreilles des vertébrés fossiles; aussi, pour comprendre ce qu'a été le sens de l'ouïe dans les espèces fossiles, nous sommes le plus souvent réduits à faire des suppositions basées sur leurs analogies avec les vertébrés actuels. Lorsque l'oreille a son complet développement, elle est dans un état que nous pouvons représenter par le schéma de la page suivante (fig. 94), où l'on distingue trois parties : l'oreille externe E. avec le pavillon et le conduit auriculaire terminé par le tympan; l'oreille moyenne M. ou caisse avec les quatre os, le marteau, l'enclume, l'os lenticulaire, l'étrier; l'oreille interne I. ou vestibule avec les canaux semi-circulaires et le limaçon.

1. Οὖς, ὠτὸς, oreille; κύστις, vessie.

Les poissons, qui sont les plus anciens vertébrés, ont leur organe de l'ouïe encore très incomplet; on ne voit chez eux ni oreille externe, ni oreille moyenne. L'oreille interne est elle-même imparfaitement développée, car

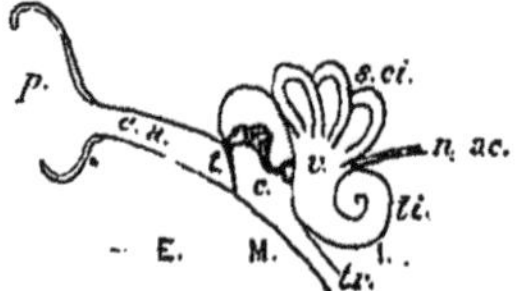

Fig. 94. — Figure théorique de l'appareil de l'ouïe. E. Oreille externe : *p.* pavillon; *c.a.* conduit auriculaire terminé par le tympan *t.* — M. Oreille moyenne représentée par la caisse *c.* avec le marteau, l'enclume, l'os lenticulaire, l'étrier : en dessous est la trompe d'Eustache *tr.* — I. Oreille interne représentée par le vestibule *v.* auquel aboutit le nerf acoustique *n.ac.* : en dessus, canaux semi-circulaires *s.ci.* : en dessous, limaçon *li.*

elle n'a pas un vrai limaçon; elle est constituée par un sac membraneux (otocyste) duquel partent les canaux semi-circulaires; le sac renferme soit une quantité de petits cristaux de carbonate de chaux (otoconies), soit un otolite. On recueille souvent des otolites dans les terrains tertiaires (fig. 95); M. Koken les a bien étudiés. Dans les terrains crétacés, ils sont moins nombreux. Je

Fig. 95. — *Otolithus Sollingensis*, provenant d'un poisson du groupe de la morue, grandi quatre fois. A. vu en dehors; B. vu en dedans. — Oligocène de Söllingen (d'après M. Koken).

ne crois pas qu'on en ait signalé dans des formations plus anciennes.

Les reptiles actuels ont une ouïe beaucoup plus développée que les poissons. Les charmeurs égyptiens font danser les serpents naias avec une flûte grossière. Le lézard aime le son de la flûte; il entend voler une mouche à plusieurs pieds de distance. En sifflant un air gai et mélodieux, on approche de l'iguane. Cependant les reptiles n'ont pas d'oreille externe; seulement chez les crocodiles, la peau forme un repli au-dessus de la membrane du tympan. Le tympan manque quelquefois ou est caché sous la peau. La caisse ne renferme qu'un seul os; le limaçon n'est pas encore tourné en spirale.

M. Cope a été assez habile pour préparer une oreille d'un reptile primaire; je reproduis un de ses dessins

FIG. 96. — Diagramme des canaux semi-circulaires d'un reptile du groupe des *Diadectes*, grandeur naturelle. — Permien du Texas (d'après M. Cope).

(fig. 96). On voit les canaux semi-circulaires; on n'aperçoit ni les petits os de l'oreille, ni le limaçon. Peut-être les dinosauriens secondaires ont-ils été mieux doués; mais leur appareil de l'ouïe n'a pas sans doute égalé celui des animaux à sang chaud.

Chez les mammifères, l'appareil de l'ouïe est complet: il y a généralement un grand pavillon; la caisse renferme quatre os; le limaçon est tourné en spirale. Puisque la classe des mammifères est celle dont l'évolution s'est achevée le plus tardivement, nous devons croire que le sens de l'ouïe n'a eu son perfectionnement qu'à une époque relativement récente[1].

L'homme, le dernier venu du monde animé, combine des sons au moyen desquels il rend matériellement les impressions les plus diverses de son âme. Les organes de l'ouïe ont chez lui une telle délicatesse qu'une de ses suprêmes jouissances est d'entendre des concerts où il s'enivre de mélodie et d'harmonie : la musique est une des formes du génie humain.

Histoire de l'odorat.

L'appréciation des odeurs est beaucoup plus subjective que celle des formes et des sons. Lorsque je dis qu'un objet est triangulaire ou carré, j'exprime une réalité objective qui existe en dehors de ma vision, au lieu que la qualité d'une odeur n'est pas indépendante de mon tempérament; ce qui semble bon à l'un, semble mauvais à un autre. Mais, si je ne peux affirmer que des odeurs sont bonnes ou mauvaises, il m'est permis de prétendre que les odeurs des êtres organisés doivent être plus intenses et plus variées de nos jours que dans les âges primitifs. En effet, les animaux, pendant leur vie, ont des odeurs, et, après leur mort, leur décomposition produit de l'ammoniaque, de l'hydrogène sulfuré, etc. Comme ils sont plus grands et plus nombreux qu'ils ne l'ont été dans les temps primitifs, ils forment une plus

1. M. Lemoine s'est occupé de l'appareil auditif de deux genres éocènes, l'*Arctocyon* et le *Pleuraspidotherium*. On a décrit les os de l'oreille des balénidés fossiles.

grande somme de particules odorantes. Les plantes aussi en fournissent davantage ; ce sont surtout les fleurs qui donnent des parfums ; or j'ai rappelé que les fleurs, inconnues dans les temps primaires, n'ont eu leur épanouissement qu'à partir de l'ère tertiaire.

L'olfaction n'est pas nulle chez tous les invertébrés : lorsqu'on jette un poisson gâté sur un rivage, des crabes, des nasses et d'autres gastropodes s'y réunissent ; place-t-on des gousses de fèves à deux mètres de distance des limaces, elles savent se détourner de leur route pour aller les dévorer. Cependant les invertébrés, n'ayant pas

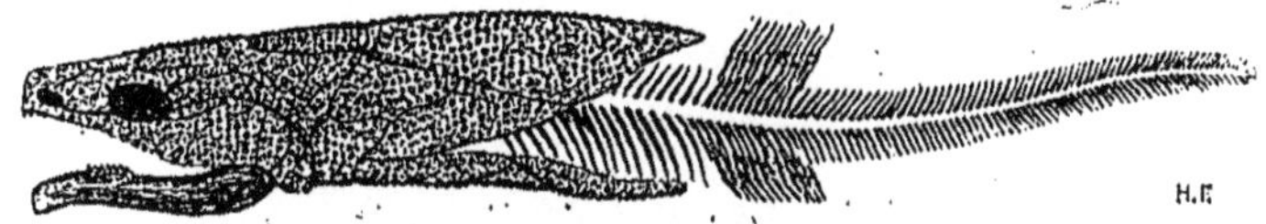

Fig. 97. — Essai de restauration du squelette de *Coccosteus decipiens*, au 1/5 de grandeur. — Dévonien moyen d'Écosse.

de narines, ne peuvent avoir le sens de l'odorat très développé, et, comme leur règne a précédé celui des vertébrés, nous sommes fondés à croire que, dans les temps anciens, l'olfaction avait peu de finesse.

Aussitôt que les vertébrés ont paru, ils ont eu des narines. On en voit un exemple dans la figure 97 qui représente une restauration d'un poisson placoderme du Dévonien, le *Coccosteus*. Huxley, auquel cette restauration est due, a donné le dessin d'un poisson à écailles du Dévonien, l'*Holoptychius*, qui a de même des narines. En regardant des encéphales de poissons séparés de la tête, on serait porté à supposer que l'odorat est développé chez ces animaux, parce que leurs lobes olfactifs sont proportionnellement plus forts que dans les autres vertébrés; pourtant, si on dissèque leurs narines, on reconnaît qu'au lieu d'être des conduits par lesquels passe une partie de l'air respirable, ce sont des culs-de-sac qui ne peuvent recevoir une grande quantité de principes odorants; ainsi leur odorat est moindre que chez les

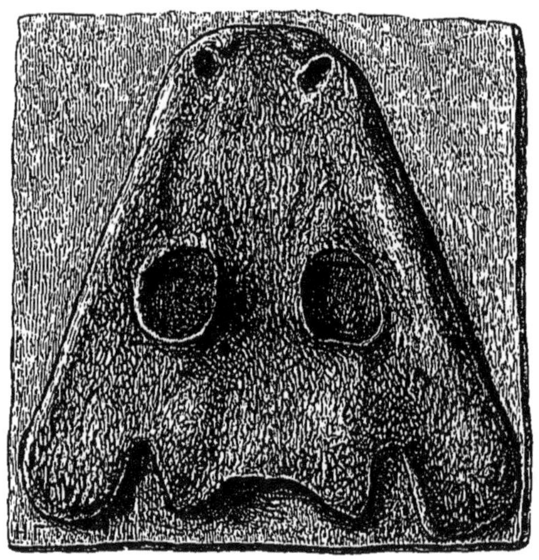

Fig. 98. — Crâne de l'*Actinodon brevis* vu en dessus, aux 3/4 de grandeur. Permien de Dracy-Saint-Loup. Donné au Muséum par M. Roche.

vertébrés supérieurs dont les lobes olfactifs sont plus petits. Puisqu'à l'époque dévonienne, il n'y avait encore que des poissons, nous devons penser que le sens de l'olfaction était peu avancé.

Les narines des reptiles ont eu une position très variable. Dans l'*Actinodon* (fig. 98), et dans les labyrinthodontes du Trias, elles ont une double ouverture et sont placées en avant; on trouve celles des *Ichthyosaurus* sur les côtés près des yeux; celles du *Belodon* (fig. 99)

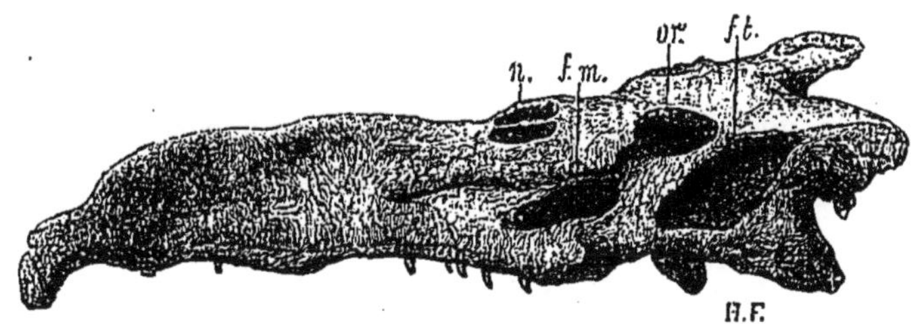

Fig. 99. — Tête du *Belodon* (*Phytosaurus*) *Plieningeri*, à 1/8 de grandeur, vue de côté, légèrement de 3/4 pour montrer la position des narines *n.*; fosse massétérienne *f.m.*; orbite *or.*; fosse temporale *f.t.* — Keuper du Wurtemberg, d'après un moulage envoyé par le Musée de Stuttgart au Muséum de Paris.

sont au contraire en dessus de la tête ainsi que dans les cétacés: chez les *Stenosaurus* (fig. 100), et les autres

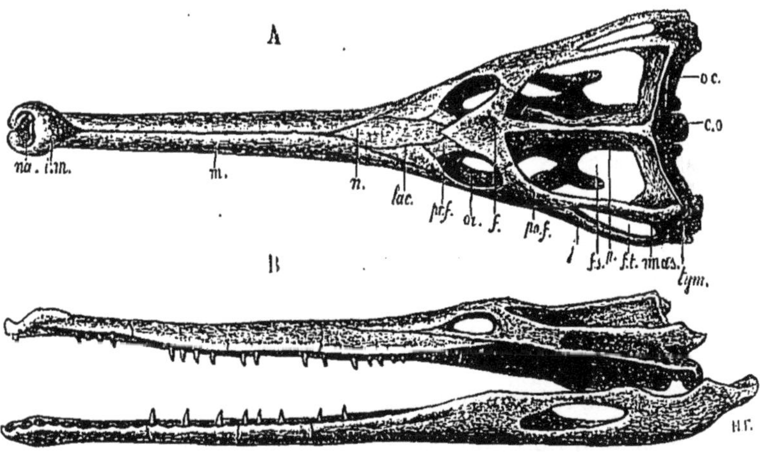

Fig. 100. — Crâne du *Stenosaurus Heberti*. A. vu en dessus; B. vu de profil, au 1/12 de gr. : *na.* narines; *i.m.* inter-maxillaire; *m.* maxillaire; *n.* os nasal: *f.* frontal; *lac.* lacrymal; *pr.f.* pré-frontal; *po.f.* post-frontal; *or.* orbite: *j.* jugal; *f.s.* sus-temporal; *f.t.* fosse temporale; *p.* pariétal; *mas.* mastoïde: *tym.* tympanique; *oc.* occipital; *c.o.* condyle occipital. — Oxfordien des Vaches Noires.

crocodiliens, elles forment une ouverture unique à

l'extrémité d'un long bec; des reptiles du Trias africain (fig. 101) ont une fosse nasale qui rappelle un peu celle d'un chien. Si les reptiles des temps passés diffèrent par la position de leurs narines, ils s'accordent en ce sens que tous en sont pourvus; l'olfaction leur est nécessaire pour prendre leur nourriture avec discernement. Mais il n'y a pas de raisons de croire que le sens de l'odorat ait été plus développé chez eux que dans les reptiles actuels. Sauvage[1] dit : « *Les organes de l'odorat sont très peu développés chez les batraciens... chez la sirène*

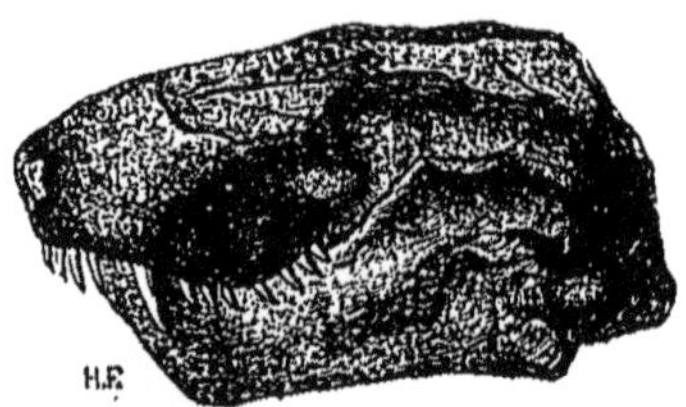

Fig. 101. — *Lycosaurus curvimola*, au 1/4 de grandeur, d'après un moulage envoyé au Muséum de Paris et d'après le dessin de R. Owen. — Trias de l'Afrique australe.

et le protée.... Les narines consistent en deux petits culs-de-sac creusés dans la lèvre; elles ne livrent point passage à l'air. » Les reptiles proprement dits ont les organes de l'odorat moins imparfaits que les batraciens, mais moins parfaits que les mammifères.

Les mammifères ont un nez, c'est-à-dire des cartilages qui soutiennent des muscles et forment des cavités tapissées d'une muqueuse capable de recevoir les moindres effluves. J'ai déjà rappelé que, dans les temps tertiaires, le nez de plusieurs mammifères s'est allongé au

1. Sauvage, *Les Reptiles et les Batraciens*, p. 537

point de constituer une trompe; chez l'éléphant de l'Inde, suivant M. Blanford[1], et chez l'éléphant d'Afrique, d'après Delegorgue[2], l'odorat est extrêmement développé. Il ne l'est pas moins chez beaucoup de mammifères où le nez est moins proéminent. Chacun sait combien est fine l'olfaction du chien. Les récits des grandes chasses des Indiens de l'Amérique ou des explorateurs de l'Afrique et de l'Asie nous apprennent qu'il faut s'y prendre de très loin pour éviter de se mettre sous le vent des animaux que l'on veut surprendre.

Dans les sociétés humaines, la faculté de l'olfaction ne sert plus seulement pour découvrir ou apprécier les aliments, reconnaître les amis ou les ennemis; d'utilitaire qu'elle était, elle devient une source de jouissances. L'homme se plaît à composer des parfums, il les classe et en fait une étude qu'on pourrait presque appeler esthétique. Ainsi il nous est permis de dire que le sens de l'odorat a été en se perfectionnant.

Histoire du goût.

Les organes du goût ont leur siège dans des organes mous qui ne sont pas de nature à être conservés par la fossilisation; cependant, en procédant par voie d'analogie des êtres anciens avec les êtres actuels, nous devons penser que le sens du goût a progressé durant le cours des âges.

1. Blanford, ouvrage cité, p. 465.
2. Delegorgue, ouvrage cité, vol. I, p. 449.

En effet, bien que nous voyions plusieurs invertébrés, notamment les insectes, les mollusques, choisir leur nourriture, nous ne trouvons pas chez eux d'organes de gustation bien caractérisés; il est probable qu'il en a été de même chez les invertébrés du Cambrien et du Silurien.

Les vertébrés, qui leur ont succédé, ont été des pois-

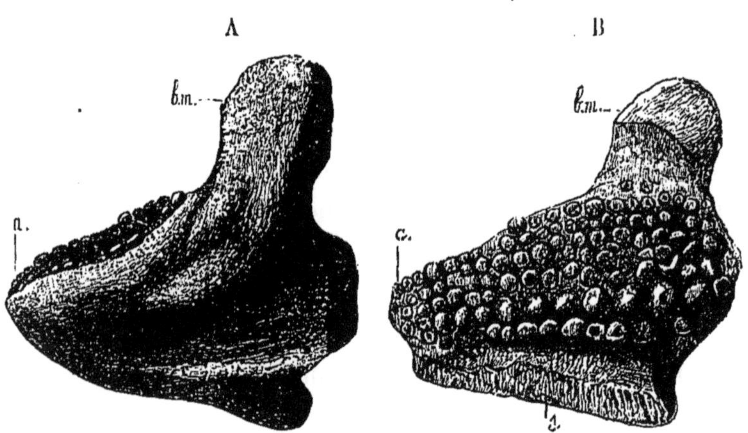

Fig. 102. — Mâchoire inférieure du *Mesodon profusidens*, aux 3/4 de grandeur. A. mandibule gauche vue en dehors; B. mandibule droite vue sur la face interne : *a.* partie antérieure; *s.* symphyse; *b.m.* branche montante. — Néocomien de Vassy, Haute-Marne. Donné au Muséum par Cornuel.

sons. De nos jours ces animaux ont un goût très obtus; il ne peut en être autrement, puisque le palais et la langue, qui sont le principal siège de la gustation, sont souvent hérissés de papilles dures, ou même couverts de dents multiples et très grandes. Il devait en être ainsi dans les temps secondaires, car on y voit de nombreux poissons dont les mâchoires (fig. 102) étaient garnies de dents serrées les unes contre les autres.

J'ai pu constater chez des reptiles primaires que le palais a été également muni de parties dures qui ont gêné la gustation : une tête d'*Actinodon* découverte par M. Frossard dans le Permien d'Autun (fig. 103), laisse

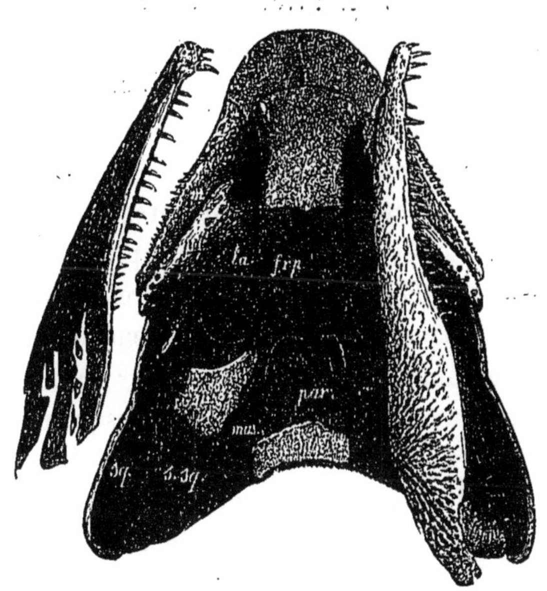

Fig. 103. — Crâne de l'*Actinodon Frossardi*, vu en dessous aux 2/5 de grandeur; on a légèrement modifié la position des os pour les rendre plus compréhensibles. Ce dessin a été fait d'après une pièce trouvée par M. Frossard, mais les inter-maxillaires ont été ajoutés d'après un échantillon du musée d'Autun : *m.* maxillaire; *m.i.* mâchoire inférieure; *vo.* vomer avec des dents en carde; *pal.* palatin; *pt.* ptérygoïde; *sph.* sphénoïde. On a marqué par une teinte plus foncée les os de la paroi supérieure du crâne rendus visibles par la disparition d'une partie des os de la face inférieure : *fr.p.* frontal principal; *la.* lacrymal ou pré-frontal; *par.* pariétal avec le trou pinéal; *j.* jugal; *sq.* squameux; *s.sq.* sus-squameux; *mas.* mastoïde; *tym.* tympanique. — Schiste bitumineux du Permien de Muse, près Autun.

apercevoir à la loupe sur les vomers et sur les ptérygoïdes une multitude de dents en carde, comme chez les poissons. Nous n'avons pas de motifs de supposer que les reptiles, si répandus dans les temps secondaires, aient eu un goût plus parfait que les reptiles actuels. Ceux-ci discernent les aliments qu'on leur présente ; M. Vaillant a observé que les vipères acceptent facilement des mulots, mais qu'elles refusent de manger la souris domestique. Cependant M. Sauvage nous dit : « *Le sens du goût paraît être fort obtus chez tous les reptiles, la langue étant surtout un organe de tact ou de préhension des aliments; cette langue est le plus souvent mince, sèche, recouverte de squames*[1]. »

Les mammifères, qui ont eu leur règne plus récemment que les reptiles, ont le goût plus délicat. Les chiens, les chats montrent des préférences pour leur nourriture; nous les voyons journellement laisser un aliment que nous leur avons donné pour en prendre un autre. Dans mes voyages en Orient, lorsqu'on plantait ma tente près d'un ruisseau, et qu'on laissait mes chevaux se désaltérer librement, je m'étonnais de voir avec quel soin ils choisissaient leur eau, changeant plusieurs fois de place, jusqu'à ce qu'ils eûssent trouvé la boisson la plus parfaite.

Quant à l'homme, la finesse de son goût est telle qu'il distingue les moindres nuances dans la saveur des aliments; le goût, aussi bien que la vue, l'ouïe, l'odorat, devient pour lui une source de voluptés. Quoique la gourmandise soit regardée par quelques moralistes comme un défaut, il faut convenir qu'elle

1. Sauvage, *Les Reptiles et les Batraciens*, p. 10. Paul Gervais accordait aux reptiles un sens du goût moins grossier; il a écrit : « *La langue des reptiles est certainement, dans beaucoup de cas, un organe de gustation assez perfectionné, et elle est aussi un organe de tact.* » (*Dictionn. univ. d'Hist. nat.*, dirigé par Charles d'Orbigny, article *Reptiles*, p. 44.)

prouve la finesse de notre sens du goût et constitue une différence avec les animaux.

Histoire du toucher.

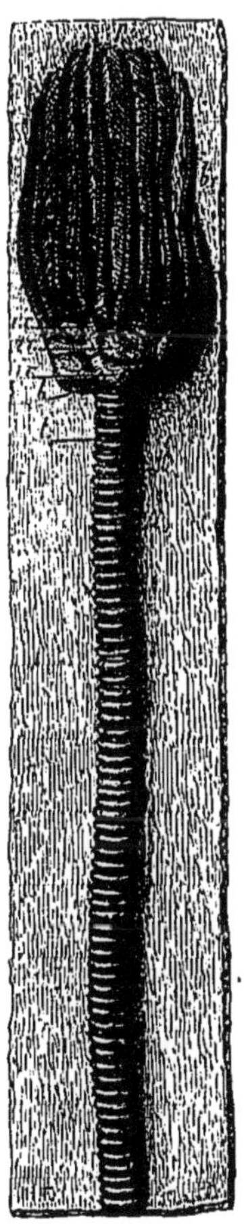

Fig. 104. — *Marsupiocrinus cœlatus*, aux 2/3 de gr. : *t.* tige ; *b.* basales à peine visibles ; 1 *r.* et 2 *r.* radiales ; *i.r.* inter-radiales ; *br.* brachiales ; *p.* pinnules. — Silur. sup. de Dudley.

Le sens du toucher s'est manifesté dans tous les temps, depuis le jour où la vie a paru, car les animaux, se distinguant des végétaux parce qu'ils ont une activité propre, ont nécessairement la faculté de toucher. Mais, puisque les premiers êtres ont eu une activité moins grande que ceux des temps actuels, ils ont dû aussi avoir le sens du toucher moins développé.

Il y avait dans les âges anciens de nombreux cœlentérés, sans doute munis de tentacules comme ceux de notre époque ; chacun a remarqué la sensibilité des tentacules des anémones de mer.

Les crinoïdes (fig. 104) avaient de grands bras garnis de pinnules employés, ainsi que de nos jours, pour palper plutôt que pour saisir.

Les brachiopodes, beaucoup de mollusques (fig. 105) et de crustacés ont nécessairement le sens du toucher affaibli ou même annihilé dans la plus grande partie de la surface du corps par leur coquille ou leur carapace. Mais ils sont munis d'organes de tact : les brachiopodes ont leurs bras ciliés, les bryozoaires leurs lophophores, les lamellibranches leurs palpes labiaux, les gastropodes et les céphalopodes leurs tentacules ou

FIG. 105. — *Gyroceras ornatum*, au 1/3 de grandeur. — Dévonien de Paffrath.

leurs bras, les articulés leurs antennes[1]. Il en était sans doute de même dans les temps géologiques. On voit dans la page suivante la gravure d'un crustacé décapode[2] à longues antennes du Jurassique supérieur (fig. 106). J'ai représenté page 7, figure 4 les antennes d'un ostracode et page 110, figure 88 les antennes d'un insecte houiller.

Je ne peux dire si les premiers poissons osseux ont eu des organes tactiles comme les tentacules des silures

1. On a découvert des antennes sur plusieurs espèces de trilobites.

2. M. Oppeil, dans un mémoire sur les crustacés jurassiques, a figuré de nombreux animaux qui ont de longues antennes (genres *Æger*, *Penæus*, *Hefriga*, *Mecochirus*).

actuels[1]; ce qui est certain c'est que la surface de leur corps devait être insensible, sous leur couverture de plaques dures (placodermes), ou d'écailles osseuses (ganoïdes). On a vu que, vers le milieu des temps secondaires, ils ont cessé d'avoir une cuirasse. Aujourd'hui

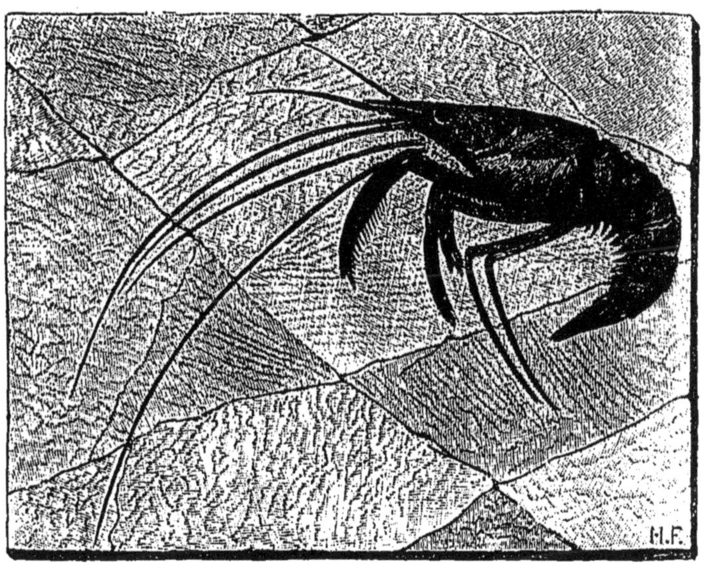

Fig. 106. — *Æger insignis*, aux 2/3 de grandeur. — Calcaire lithographique d'Eichstätt. (Collection du Muséum.)

la plupart ont des écailles molles; lorsqu'on les touche, on constate leur sensibilité. Il est donc manifeste que le sens du toucher a été moins parfait chez les poissons osseux du Primaire et du commencement du Secondaire que chez nos genres actuels. Quant aux poissons de la sous-classe des cartilagineux, nous n'avons pas

1. On dit que les lèvres de plusieurs poissons et les appendices des nageoires pectorales des grondins sont des organes de tact.

jusqu'à présent de motifs de supposer qu'ils aient eu des enveloppes plus dures que dans les genres de notre époque, indiquant un toucher plus obtus.

Les reptiles des temps anciens (voir page 20, fig. 25) ont eu souvent en dessous de leur corps un plastron d'écailles ganoïdes qui a supprimé la sensibilité de leur poitrine et de leur ventre; leurs descendants, à l'époque du Trias, ont perdu ce plastron. A part les crocodiliens et quelques dinosauriens, les reptiles secondaires ne semblent pas avoir eu des écailles osseuses; nous ne saurions dire si leur peau était nue ou si elle était couverte de parties cornées, car ces parties cornées ont pu disparaître dans la fossilisation. Chez la plupart des reptiles actuels, le sens du toucher est très imparfait; jusqu'à preuve du contraire, nous pensons qu'il en a été ainsi chez les reptiles secondaires.

Les mammifères sont aujourd'hui les animaux dont le toucher a le plus de délicatesse. Mais, au début, cette délicatesse n'a pas été aussi grande que de nos jours. Cuvier a imaginé le nom de pachydermes[1] pour les genres tels que les sangliers qui ont un cuir dur, soutenu par une épaisse couche de graisse; ce sont en général des bêtes sédentaires d'allures peu vives, de formes lourdes. Il me paraîtrait fâcheux de supprimer, comme plusieurs savants le veulent, le nom proposé par Cuvier; il représente un facies paléontologique qui fait date dans l'histoire du monde animé. Les pachydermes ont dominé durant la première moitié des temps tertiaires; ils indiquent un stade où la sensibilité, aussi bien que l'activité, était encore imparfaite. Pendant les derniers temps tertiaires et de nos jours, la plupart des mammifères méritent le nom de leptodermes[1] plutôt que celui de pachydermes; car, en même temps que leurs membres sont devenus plus légers pour favoriser leur vivacité, la peau s'est amincie et a perdu son soutien graisseux qui gênait les mouvements; ainsi la fonction du toucher a progressé en même temps que la faculté d'activité. Nous pouvons dire qu'au point de vue de la sensibilité et de l'activité, le pachyderme établit un intermédiaire entre le stade reptile peu animé, peu sensible et le stade des êtres actuels, si vifs, si délicats.

Chez les onguiculés, le bout des doigts n'est pas enveloppé par un sabot comme chez les ongulés; mais le plus souvent il est encore en grande partie couvert par l'ongle, de telle sorte que le tact ne s'exerce que faiblement; en outre le corps est entièrement couvert de poils.

L'homme seul a un corps tout nu avec une peau très fine. Cette nudité contribue à sa beauté, non seulement parce qu'elle laisse voir ses moindres mouvements, mais parce qu'elle communique à toute la surface de son corps une impressionnabilité qui en fait une créature d'une exquise sensibilité.

Il faut donc reconnaître que l'histoire des temps géologiques marque un progrès dans le domaine des

1. Λεπτόδερμος, qui a la peau fine.

sensations; les cinq sens qui donnent la connaissance des merveilles du monde, la vue, l'ouïe, l'odorat, le goût, le toucher, ont pris de plus en plus d'intensité, depuis le jour où ils aidèrent au développement des premiers êtres, jusqu'à celui où ils éclairent la grande âme de l'homme.

Histoire des sentiments affectifs.

Suivant les impressions que nous recevons, des sentiments d'amour ou de haine se développent en nous. Les sensations vont du non-moi au moi ; les sentiments affectifs vont du moi au non-moi; ils sont subjectifs, au lieu que les sensations sont objectives. Ce qui se passe en nous se passe chez les animaux, mais avec une force d'autant moins grande que l'énergie du moi est plus faible.

Les sentiments affectifs sont de plusieurs sortes; le plus répandu est l'amour sexuel.

L'amour sexuel a sans doute été peu développé dans le commencement des temps primaires, car alors il n'y avait que des invertébrés parmi lesquels beaucoup ne pouvaient avoir de relations les uns avec les autres. Au règne des invertébrés a succédé celui des poissons; de nos jours, les poissons cartilagineux ont des rapports sexuels; quelques poissons osseux en ont aussi, la plupart ne s'accouplent point; quand les femelles abandonnent leurs œufs, les mâles qui les suivent versent leur laitance; c'est au sein des eaux que se fait la fécondation. Il est vraisemblable qu'il en a été de même dans les anciens âges.

Après le règne des poissons primaires, est venu celui des reptiles secondaires. Certains d'entre eux ont eu des rapports sexuels; on a trouvé des petits dans le ventre des *Ichthyosaurus* (page 27, fig. 35). Mais, si les reptiles d'autrefois étaient, comme ceux d'aujourd'hui, des animaux à sang froid, on peut croire qu'ils ont eu des amours moins ardentes que les oiseaux et les mammifères. J'ai déjà rappelé que ceux-ci n'ont eu leur règne qu'à partir des temps tertiaires.

Chez l'homme, l'amour sexuel s'est tellement ennobli que souvent l'union des âmes y joue un rôle égal à l'union des corps. Assurément l'homme, qui est une créature libre, peut abuser de l'amour comme de toutes choses; cependant il est certain que l'amour le détermine à faire une multitude d'actes de dévouement, et qu'ainsi il contribue à l'activité humaine; au point de vue esthétique, on peut dire qu'il est le plus grand charmeur qui soit en ce monde.

L'amour maternel s'est développé tardivement sur notre globe. Pour nous rendre compte de ce qui s'est passé chez les êtres des premiers temps géologiques, nous devons considérer les invertébrés actuels. Quelques-uns ont certains soins de leurs œufs. Agassiz, dans ses admirables lectures sur l'embryogénie[1], prétend que l'étoile de mer, après avoir pondu ses œufs, les prend avec ses suçoirs, les attache contre elle et que, si

1. Agassiz. *Lectures on embryology*: Lecture II, 1858-1859.

on les lui enlève, elle les reprend. Les huîtres arrivent à un état de développement assez avancé dans le manteau de leur mère. M. Edmond Perrier[1] a observé dans le laboratoire de l'île de Tatihou un mollusque nudibranche, la tritonie, qui avait suspendu ses œufs à l'une des glaces du bac où il était enfermé; chaque jour la tritonie venait visiter ses œufs disposés en ruban, et le ruban s'étant un jour décollé en partie, elle le remit en place. « *Il y a dans ce fait*, a dit M. Perrier, *un exemple d'instinct et de conservation de l'espèce d'autant plus remarquable qu'il s'agit d'un animal hermaphrodite.* » Les crustacés supérieurs gardent longtemps leurs œufs attachés à leurs fausses pattes, et leurs larves en sortent déjà assez perfectionnées : les œufs de crabes y deviennent zoés, les œufs de langoustes s'y changent en phyllosomes, et même les homards sont déjà homards quand ils quittent leur mère. Mais c'est là une sorte de gestation qui ne prouve pas un grand développement de l'amour maternel, car, lorsque les petits prennent leur liberté, la mère ne s'en occupe plus[2].

Après le règne des invertébrés est venu celui des poissons. On sait que la plupart des poissons cartilagineux et quelques poissons osseux tels que les épinoches, les pœcilies, sont vivipares, ou ovovivipares; les épinoches pondent leurs œufs dans des nids. M. de Lacaze-

1. Compte rendu de l'installation du laboratoire maritime de Tatihou (*Nature*, 8 sept. 1894).

2. On a signalé dans le Dévonien d'Écosse, sous le nom de *Parka decipiens*, des corps qui ont quelque ressemblance avec des amas d'œufs de batraciens. Proviennent-ils de reptiles anallantoïdiens ou de *Pterygotus*? Il est difficile de le savoir; en tout cas, rien n'annonce des œufs qui aient été couvés.

Duthiers a entretenu l'Académie des observations de plusieurs zoologistes qui montrent certains poissons s'intéressant à leur progéniture. Pourtant la plupart de ces animaux abandonnent, comme les invertébrés, leurs petits aussitôt qu'ils sont nés. S'il en a été de même des poissons anciens, nous pouvons croire qu'ils n'ont pas eu un sentiment bien vif de la maternité.

Quelques reptiles actuels prennent soin de leurs œufs. Le *Pipa* de Surinam mâle dépose sur le dos de sa femelle les œufs qu'elle vient de pondre. Le crapaud accoucheur (*Alytes obstetricans*) porte ses œufs attachés à son train de derrière. On a vu dans le Muséum de Paris un Python molure s'enrouler en pyramide au-dessus de quinze œufs qu'il avait pondus, rester deux mois et demi ainsi enroulé jusqu'à leur éclosion; huit serpents en sortirent. Mais si les reptiles s'occupent parfois de leurs œufs, ils ne s'occupent pas de leurs petits après l'éclosion ou la parturition. Nous n'avons point jusqu'à présent de motifs de croire qu'il en ait été autrement pour les reptiles des temps secondaires.

Il n'en est pas ainsi pour les oiseaux et les mammifères qui se sont multipliés à partir de l'ère tertiaire. Les premiers chauffent et nourrissent leurs petits, les seconds leur donnent leur lait, prodiguant leur propre substance. Ce serait une banalité que de rappeler combien sont touchants la sollicitude et le courage avec lesquels l'oiseau et le mammifère gardent leur famille. Livingstone[1] fait la peinture suivante d'une éléphante

1. Livingstone, ouvrage cité, p. 615.

jouant avec son petit : « *Une éléphante s'éventait avec ses deux grandes oreilles; un éléphanteau se roulait joyeusement dans la vase, il agitait sa trompe suivant la mode éléphantine. La mère et lui se roulaient dans une fosse remplie de vase où ils se barbouillaient de fange; la mère remuait la queue et les oreilles pour exprimer sa joie.* »

En dehors de l'amour sexuel et de l'amour maternel, les animaux témoignent des sentiments affectifs. Ces sentiments ont sans doute été peu manifestes dans les époques où ont régné les invertébrés, les poissons et même les reptiles : « *Les reptiles*, a dit M. Sauvage[1], *n'engagent de relations amicales ni avec les autres membres de leur classe, ni surtout avec d'autres animaux.... Tant que la passion sensorielle n'est pas réveillée, chacun d'eux ne songe qu'à lui-même.... Jamais collectivité ne vient en aide à l'individu.* »

Je ne sais quels ont été à l'époque tertiaire les sentiments des abeilles et des fourmis[2] qui vivaient déjà en société, des *Paloplotherium*, des *Cainotherium*, des *Prodremotherium*, des *Hipparion*, des antilopes réunis en vastes bandes. Mais il est permis d'affirmer que plusieurs des mammifères actuels témoignent énergiquement leurs sentiments d'amour ou de haine.

L'attachement des chevaux arabes pour leurs maîtres est connu de tous les voyageurs en Orient. Quand vient le soir, ils se renversent complètement sur le sol, leur ventre sert d'oreiller aux femmes et aux enfants cou-

1. *Reptiles et Batraciens*, p. 25.
2. A Radoboj, en Croatie, des pierres couvertes d'empreintes de fourmis indiquent que ces insectes avaient déjà des habitudes de sociabilité.

chés entre leurs jambes; jamais ces bonnes créatures ne bougent. Chacun sait que des lions prennent en affection des chiens ou des chats. Les chiens sont des amis incomparables; souvent ils refusent toute nourriture quand ceux qu'ils aiment ne sont pas là; on en a vu mourir sur la tombe de leur maître. Sans doute l'homme a exercé son influence sur les sentiments des animaux; mais ces sentiments, il ne les a pas créés, il les a trouvés tout formés, il n'a fait qu'augmenter leur intensité. Lorsque l'histoire naturelle sera plus répandue, nous aimerons davantage les bêtes charmantes qui nous entourent; nous comprendrons que c'est un crime envers l'Auteur de la nature de maltraiter des êtres auxquels il a donné des sentiments affectifs.

Quant aux hommes, quelques-uns ne savent pas aimer; ce sont des types incomplets. Les hommes, dignes de leur nom, aiment si fort leurs parents, leurs amis, leur patrie, leur Dieu qu'ils s'exposent pour eux à la mort. Ils ne sont point portés seulement vers ce qui leur a donné des sensations physiques. Leurs passions les plus ardentes sont celles qui embrassent les âmes et l'Être infini qu'ils ne voient pas, qu'ils n'entendent pas, qu'ils ne touchent pas.

Ainsi la sensibilité a augmenté dans le monde depuis les anciens âges géologiques jusqu'aux temps actuels.

CHAPITRE VII

PROGRÈS DE L'INTELLIGENCE

La plus haute de nos facultés, l'intelligence a été rudimentaire dans les anciens temps géologiques, et elle a été en grandissant jusqu'à l'époque actuelle, où elle présente un si merveilleux épanouissement. Ses progrès peuvent être constatés, car ils sont liés dans une certaine mesure au développement de la substance nerveuse.

L'intelligence, dans tout individu, doit être une; pour juger, il est nécessaire de comparer; pour comparer, il faut que les notions soient centralisées à un même point; donc la concentration de la substance nerveuse est un indice de supériorité. En outre, on constate que la masse de la substance nerveuse est généralement en proportion de la somme de l'intelligence.

Si nous pouvons nous faire une idée de ce que les animaux ont été dans les temps primaires d'après ce qu'ils sont dans la nature actuelle, nous devons supposer que leur substance nerveuse était encore peu concentrée et ne formait pas un grand volume. Il y avait alors beaucoup de cœlentérés, d'échinodermes, de brachiopodes; de nos jours le système nerveux est très faiblement développé chez ces animaux. Il y avait aussi des mollusques de différentes classes. Aujourd'hui les bivalves ont leurs ganglions nerveux éloignés les uns des autres (fig. 107); les gastropodes les ont plus rapprochés (fig. 108), leur état est encore rudimentaire; nous n'avons pas de raison de croire qu'il fût plus parfait

Fig. 107. — Système nerveux d'anodonte (d'après Fischer).

Fig. 108. — Système nerveux d'un gastropode prosobranche (d'après Fischer).

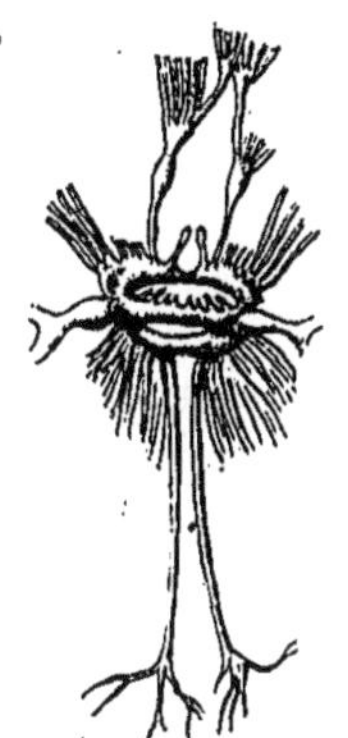

Fig. 109. — Système nerveux du Nautile (d'après R. Owen).

dans les animaux des temps primaires. Chez les céphalopodes actuels, même chez les nautiles (fig. 109), le système nerveux est bien plus concentré que dans les autres mollusques; peut-être en était-il ainsi chez les nautilidés des temps primaires.

Pour juger ce qu'était le système nerveux des trilobites, nous devons le considérer chez les animaux actuels qui semblent en différer le moins. On admet aujourd'hui que les trilobites se rapprochaient surtout des branchiopodes tels que les *Apus*. Mais, quand même on croirait comme autrefois qu'ils ont eu des rapports avec les isopodes cymothoadés tels que le sérole où le corps est un peu trilobé, il faudrait supposer des ganglions multiples comme les segments du corps; la figure 110 donne une idée de cette disposition. Les

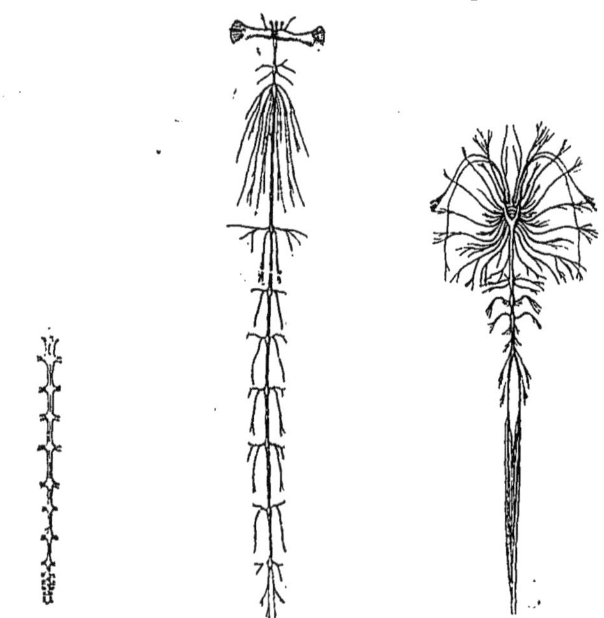

FIG. 110. — Système nerveux d'un cymothoé (d'après Henri Milne Edwards).

FIG. 111. — Système nerveux d'un névroptère du genre Æshna (d'après M. Blanchard).

FIG. 112. — Système nerveux d'une limule (d'après R. Owen).

limules encore vivantes (fig. 112) nous apprennent ce qu'ont été les mérostomes dont le corps a été le plus condensé; sans doute la plupart des mérostomes primaires ont eu leurs ganglions moins concentrés. La gravure 111 d'un névroptère actuel nous indique comment pouvait être le système nerveux des insectes les plus communs de l'époque houillère.

Le règne des poissons a succédé à celui des articulés. On n'a pas encore étudié l'encéphale des poissons primitifs; s'il a été semblable à celui des espèces qui vivent aujourd'hui, il était dans un état peu avancé. Voici la figure d'un encéphale de Lépidosté, l'un des poissons actuels qui ont conservé la cuirasse ganoïde des premiers vertébrés (fig. 113); je place à côté la

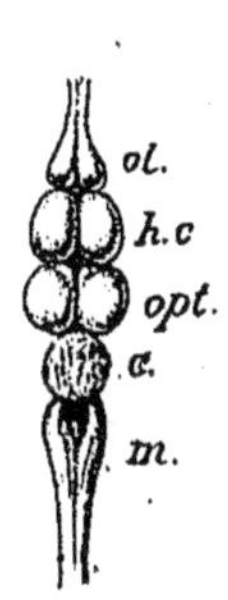

FIG. 113 — Encéphale de *Lepidosteus* : *ol.* lobes olfactifs; *h.c.* hém. cér.; *opt.* lobes optiques; *c.* cervelet; *m.* moelle (d'après Owen).

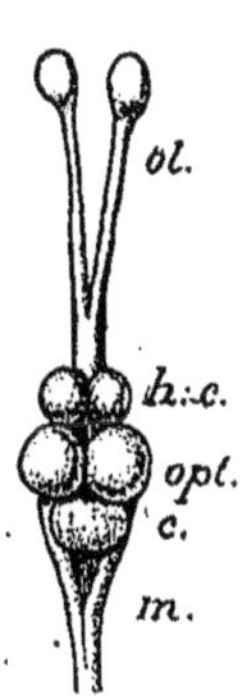

FIG. 114. — Encéphale de *Leuciscus*. Mêmes lettres (d'après R. Owen).

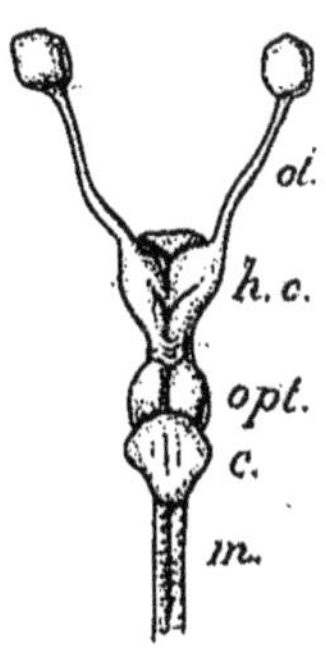

FIG. 115. — Encéphale de l'ange (*Squatina angelus*). Mêmes lettres (d'après M. Émile Moreau).

figure d'un *Leuciscus* (fig. 114), et celle d'un squale (fig. 115); dans ces divers types, les lobes olfactifs *ol.* sont proportionnément énormes, les hémisphères cérébraux *h.c.* sont séparés et d'une petitesse singulière, les lobes optiques *opt.* sont très grands et à découvert, le cervelet *c.* est petit comparativement aux lobes optiques et à la moelle allongée *m.* Non seulement l'encéphale est peu concentré; il est aussi fort exigu; on ne saurait disséquer un poisson sans être frappé des faibles dimensions de son cerveau proportionnellement à l'ensemble du corps. Chacun du reste sait que les poissons ont peu d'intelligence.

Les reptiles primaires ont eu une grande tête, mais la portion réservée au cerveau était fort restreinte. L'état de compression dans lequel se trouvent les débris de quadrupèdes d'une antiquité reculée rend leur étude très difficile; je donne ici la figure de la partie d'un crâne d'*Actinodon* qui montre la place où était logé l'encéphale (fig. 116); j'ai restauré au trait l'ensemble du crâne pour faire voir combien la place de l'encéphale est réduite. Sans doute le crâne est comprimé, mais cela

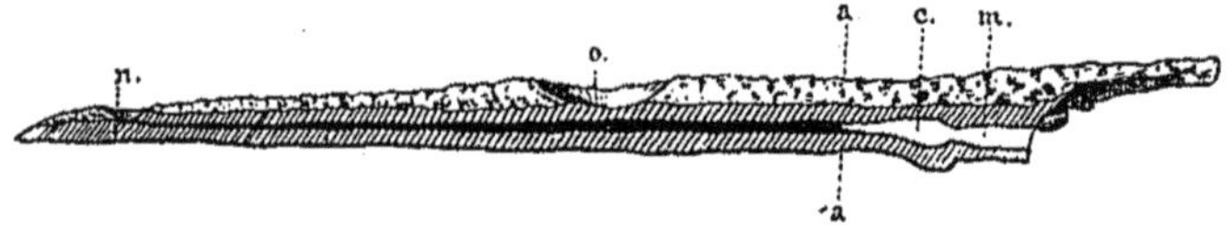

Fig. 116. — Coupe verticale du crâne de l'*Actinodon Frossardi*, à 1/2 grandeur : *c.* cerveau; *m.* moelle allongée; la partie en avant de *a.a* est restaurée; on a indiqué la place de l'orbite *o.* et des narines *n.* — Permien d'Autun.

n'empêche pas de constater que le cerveau dépasse à peine en épaisseur la moelle allongée.

M. Cope a été assez habile pour dégager l'encéphale d'un reptile permien du Texas; je reproduis un de ses dessins (fig. 117); on voit que le cerveau était moins large que la région des lobes optiques et du cervelet; il n'est pas aisé d'établir sa limite avec les lobes olfactifs; il y avait une énorme glande pinéale; le cervelet est simple et légèrement concave. M. Cope pense que cet encéphale se rapproche de celui des batraciens plus que de celui des reptiles proprement dits.

Une des plus curieuses choses que les paléontologistes

américains nous aient révélées a été le contraste des dimensions gigantesques des dinosauriens secondaires et de la petitesse de leur cerveau : j'en ai été très impressionné aux États-Unis, en voyant les collections formées par MM. Marsh et Cope ; quand on regarde les colonnes vertébrales des êtres qu'ils ont tirés des Montagnes Rocheuses, on est exposé à prendre tout d'abord le cou

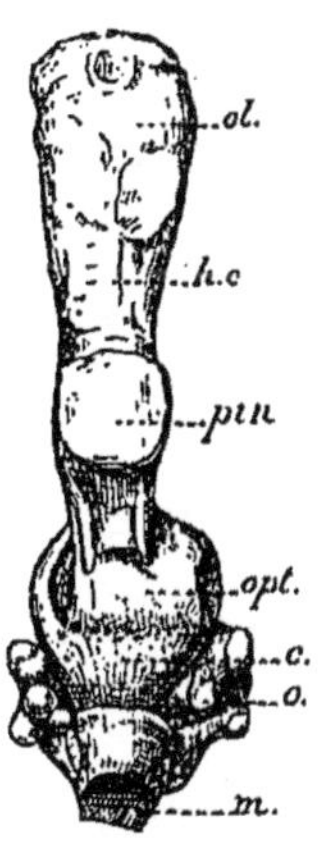

FIG. 117. — Moule de l'encéphale d'un reptile de la famille des Diadectidés, à 1/2 grandeur : *ol.* lobes olfactifs ; *h c.* hémisphères cérébraux ; *pin.* glande pinéale ; *opt.* région optique ; *c.* cervelet ; *o.* appareil de l'ouïe ; *m.* moelle allongée (d'après M. Cope). — Permien du Texas.

pour la queue, attendu que le cou et la tête ont une ténuité à laquelle nous ne sommes pas habitués ; la cavité encéphalique est parfois beaucoup moindre que la cavité médullaire du sacrum ; M. Marsh a eu l'ingénieuse idée de mouler l'une et l'autre, et il en a donné les figures ; je les reproduis en les intercalant l'une dans l'autre, de manière à rendre le contraste encore plus frappant (fig. 118). On remarquera que le cerveau n'est pas plus dilaté que la moelle allongée, et qu'il est tout petit comparativement à la masse nerveuse logée dans les vertèbres sacrées, c'est-à-dire dans la région qui est en rapport avec les membres postérieurs. Si donc le développement de l'intelligence est lié dans une certaine mesure à celui de la substance nerveuse, on peut croire que le *Stegosaurus* en avait plus dans la partie

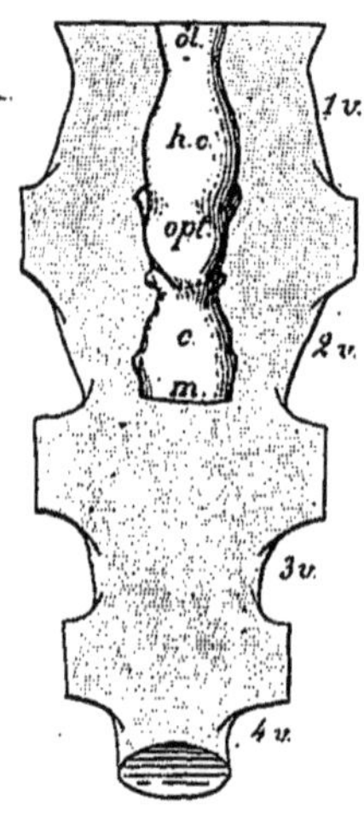

FIG. 118. — Moulage de l'encéphale du *Stegosaurus ungulatus* vu en dessus, au 1/4 de grandeur : *ol.* lobes olfactifs; *h.c.* hémisphères cérébraux: *opt.* région optique; *c.* cervelet; *m.* moelle allongée. Le contour extérieur de la figure représente le moulage au 1/4 de grandeur du canal médullaire dans la région correspondant aux quatre vertèbres 1 *v.*, 2 *v.*, 3 *v.*, 4 *v.* qui composent le sacrum (d'après M. Marsh). — Jurassique supérieur des Montagnes Rocheuses.

postérieure du corps que dans la tête. C'était, nous n'en saurions guère douter, une bête stupide, qui nous montre une fois de plus que la force matérielle ne se confond pas avec la force intellectuelle.

Quelques-uns des contemporains du *Stegosaurus* ont eu un cerveau un peu plus gros comparativement au cervelet et à la moelle, ainsi qu'on le voit dans la gravure du *Morosaurus* (fig. 119); c'est un état encore bien inférieur. Dans les derniers terrains crétacés, on continue à trouver des reptiles tels que le *Triceratops* dont le cerveau est peu développé.

Nous n'avons donc pas de motifs pour croire que les reptiles anciens, malgré leurs gigantesques proportions, aient été mieux doués que les reptiles actuels. Or ceux-ci ont une faible intelligence[1]; parfois, lorsque je les contemple dans notre ménagerie du Muséum, je m'étonne que l'Être infiniment beau et bon ait fait de telles créa-

Fig. 119. — Moulage de l'encéphale du *Morosaurus grandis*, au 1/4 de grandeur : *ol.* lobes olfactifs; *h.c.* hémisphères cérébraux; *opt.* région optique; *c.* cervelet; *m.* moelle allongée (d'après M. Marsh). — Jurassique supérieur des Montagnes Rocheuses.

tures. Il y a quelque temps, après un de mes cours, je conduisis mes auditeurs à la ménagerie des reptiles; je désirais leur montrer le contraste que les continents secondaires, peuplés de reptiles, ont dû offrir avec les pays actuels qu'égayent les mammifères et les oiseaux. C'était par une brûlante journée de juin; le ciel était éclatant de lumière, je pensais que les reptiles seraient dans l'état le plus favorable. Mais rien ne put les tirer

1. Dans un article sur les lézards, M. Delbœuf (*Revue scient.*, 22 avril 1893), donne des preuves d'une certaine intelligence chez ces animaux.

de leur langueur; il fallut les violenter pour les faire sortir de leurs couvertures; quand on leur donnait quelque proie, ils s'élançaient sur elle; autrement, ils ne bougeaient pas. Tout ce monde était morne, silencieux; ces êtres traînent leur vie ainsi qu'ils traînent leur corps rampant. Quand nous fûmes sortis de la ménagerie des reptiles, nous trouvâmes dans le Jardin des plantes les oiseaux qui sautillaient et chantaient comme pour célébrer le bleu du ciel; les singes se jouaient entre eux, les antilopes bondissaient joyeuses, ou fixaient sur nous leurs jolis yeux. Et nous disions merci à Dieu de ne pas nous avoir fait naître à l'époque des dinosauriens, car ces étranges et gigantesques créatures devaient inspirer non seulement la peur, mais aussi l'ennui. En vérité, nous sommes arrivés sur terre dans le bon temps; la nature présente nous sourit, et la nature à venir sera peut-être encore meilleure!

Les oiseaux ont une tête très petite comparativement à l'étendue de leur corps et, par là même, un cerveau peu développé; leur multiplication dans les temps tertiaires ne marque pas un notable progrès pour l'intelligence.

Il n'en est pas ainsi pour les mammifères qui présentent des cerveaux incomparablement plus grands et plus parfaits que tous les autres animaux. Leurs progrès se sont produits peu à peu. M. Cope a clairement établi que les premiers mammifères tertiaires d'Amérique ont eu un cerveau beaucoup moins développé que leurs successeurs. *Periptychus*, genre du Puerco, c'est-à-dire du plus ancien terrain tertiaire, avait des lobes olfactifs énormes, des hémisphères cérébraux petits et lisses, des lobes optiques à découvert; le *Phenacodus* et le *Coryphodon* avaient aussi un cerveau peu perfectionné. Grâce au docteur Lemoine, nous connaissons les encéphales de quelques-uns des plus anciens mammifères tertiaires de l'Europe. Je reproduis ici deux de ses dessins, qui représentent les encéphales d'un ongulé

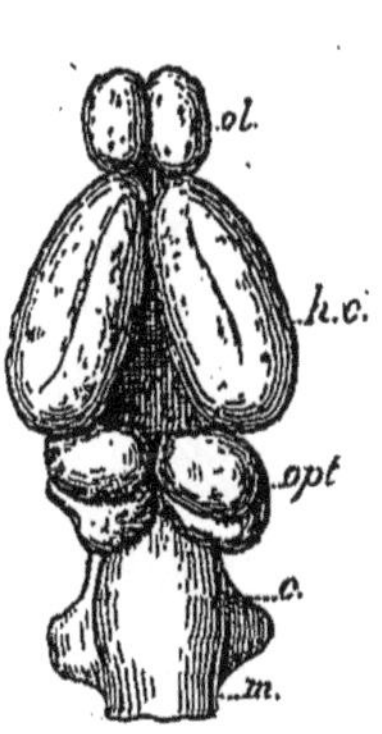

Fig. 120. — Encéphale du *Pleuraspidotherium Aumonieri* : *ol.* lobes olfactifs; *h.c.* hémisphères cérébraux; *opt.* les quatre lobes optiques; *c.* cervelet; *m.* moelle allongée (d'après M. Lemoine). — Éocène inférieur de Cernay.

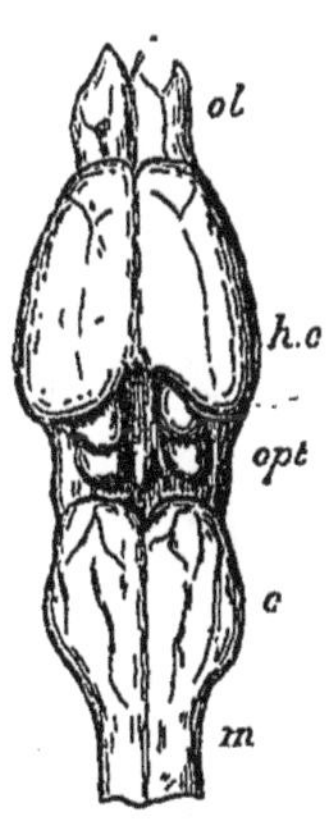

Fig. 121. — Encéphale de l'*Arctocyon primævus* : *ol.* lobes olfactifs; *h.c.* hémisphères cérébraux; *opt.* région optique; *c.* cervelet; *m.* moelle allongée (d'après M. Lemoine). — Éocène inférieur de Cernay.

(fig. 120) et d'un carnivore (fig. 121). Comme on le voit dans ces figures, les lobes olfactifs sont assez grands; les hémisphères cérébraux, bien que surpassant beaucoup ceux des reptiles, sont encore assez petits et simples; les lobes optiques, larges et à découvert, rappellent les reptiles; mais le cervelet est plus grand et la moelle allongée est proportionnellement plus petite. Ainsi l'encéphale des mammifères du commencement de l'Éocène est supérieur à celui des reptiles secondaires, inférieur à celui des mammifères actuels.

L'Éocène moyen d'Amérique renferme les fameux dinocératidés dont les caractères ont été si bien mis en lumière par le magnifique ouvrage de M. Marsh. Ces grands mammifères avaient un cerveau très petit comparativement à ceux de notre époque; on s'en ren-

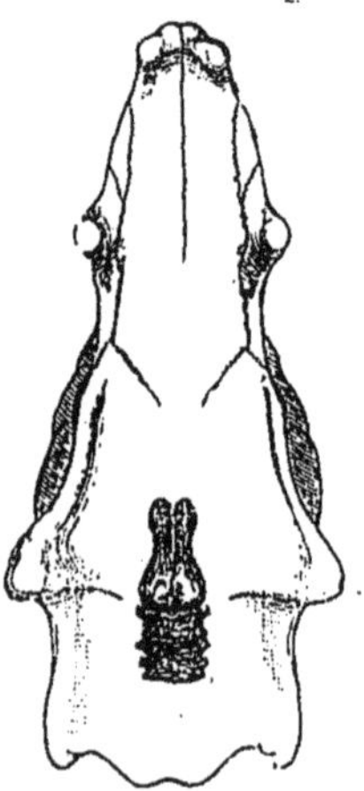

FIG. 122. — Schéma de crâne de l'*Uintatherium* (*Dinoceras*) *mirabile* montrant l'encéphale, à 1/8 de grandeur (d'après M. Marsh). — Éocène du Wyoming.

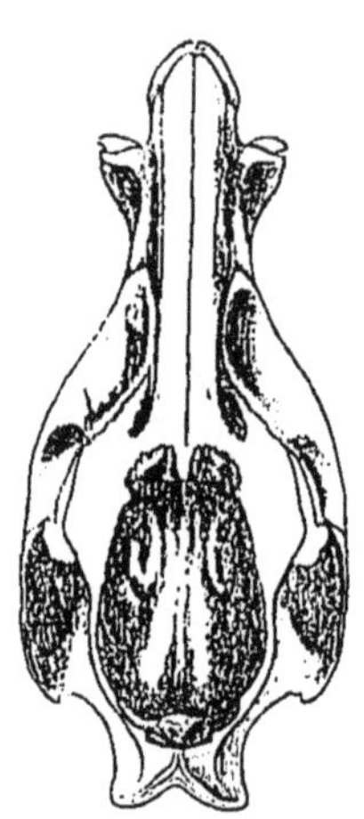

FIG. 123. — Schéma de crâne du *Dicotyles torquatus*, à 1/4 de grandeur (d'après M. Marsh). — Époque actuelle.

dra compte en comparant les croquis ci-dessus de M. Marsh : l'un (fig. 122) représente le crâne d'un dinocératidé; l'autre (fig. 123) représente le crâne d'un pachyderme actuel. Cuvier a décrit une tête d'Anoplotherium, brisée de manière à montrer son encéphale[1] : « *Un hasard heureux*, dit-il, *m'a procuré quelque idée de la*

1. *Recherches sur les Ossements fossiles*, 4e édit., vol. V, p. 76

forme du cerveau dans l'Anoplotherium;... il était peu volumineux à proportion..., ses hémisphères ne montraient pas de circonvolutions, mais on voyait seulement un enfoncement longitudinal peu profond sur chacun. Toutes les lois de l'analogie nous autorisent à conclure que notre animal était fort dépourvu d'intelligence[1]. »

A l'époque oligocène, l'encéphale de la plupart des

FIG. 124. — Moulage intra-crânien de *Cainotherium* : *ol.* lobes olfactifs; *h.c.* hémisphères cérébraux; *c.* cervelet; *m.* moelle allongée (d'après Gervais). — Aquitanien de Saint-Gérand-le-Puy.

FIG. 125. — Moulage intra-crânien de la *Proviverra* (*Cynohyænodon*) *Cayluxi*, aux 2/3 de grandeur (d'après M. Filhol). — Phosphorites de Caylux.

mammifères est encore peu perfectionné, comme le montrent les travaux de Marsh sur le *Titanotherium*, ceux de Gratiolet et Gervais sur le *Cainotherium* (fig. 124) et de M. Filhol sur la *Proviverra* (fig. 125). M. Filhol a remarqué que les hémisphères cérébraux étaient très simples et petits comparativement aux lobes olfactifs et

1. Lartet a cité quelques exemples qui feraient supposer *que plus les mammifères remontent dans l'ancienneté des temps géologiques, plus leur cerveau se réduit*. Mais, a-t-il ajouté, cela s'est produit *sans transformation des types génériques* (*Comptes rendus de l'Acad. des sc.*, 1er juin 1868).

au cervelet. Mais à côté de mammifères dont le cerveau est encore peu développé, on en voit où il l'est davantage, comme le montre la figure ci-dessous d'un *Amphicyon*[1] de l'Oligocène de Saint-Gérand-le-Puy (fig. 126). « *On pouvait supposer*, a dit Gervais[2], *que son encéphale serait sensiblement inférieur par la disposition des circonvolutions existant à la surface de ses hémisphères. Il ne l'est que fort peu et doit être comparé aux espèces actuelles de la famille des canidés.* »

C'est dans la période miocène que les cerveaux des

Fig. 126. — Moulage intra-crânien de l'*Amphicyon ambiguus*, au 1/5 de grandeur : *ol.* lobes olfactifs : *h.c.* hémisphères cérébraux ; *c.* cervelet ; *m.* moelle allongée (d'après Gervais). — Oligocène (Aquitanien) de Saint-Gérand-le-Puy.

divers mammifères ont pris leur complet développement. Je donne dans la page suivante le dessin d'un moulage intra-crânien d'un ruminant du Léberon (fig. 127). La grandeur est considérable pour celle de la tête ; les hémisphères ont de riches circonvolutions. Des sociétés animales où se trouvaient à la fois des solipèdes, des ruminants variés, des proboscidiens, des rongeurs, des

1. Le morceau qui est ici figuré a été attribué par Gervais au *Cephalogale Geoffroyi* ; M. Filhol dit qu'il provient de l'*Amphicyon ambiguus*.

2. Gervais, *Journal de zoologie*, vol. I, p. 152, 1872.

carnivores nombreux, des insectivores, des singes devaient représenter une somme d'intelligence bien supérieure à celle des âges antérieurs.

L'encéphale de l'homme, le dernier venu des êtres qui se sont succédé dans le monde, a surpassé par sa dimension et sa complication celui des singes; en dessus, il ne laisse voir que de grands hémisphères riches en circonvolutions; les lobes olfactifs, les tuber-

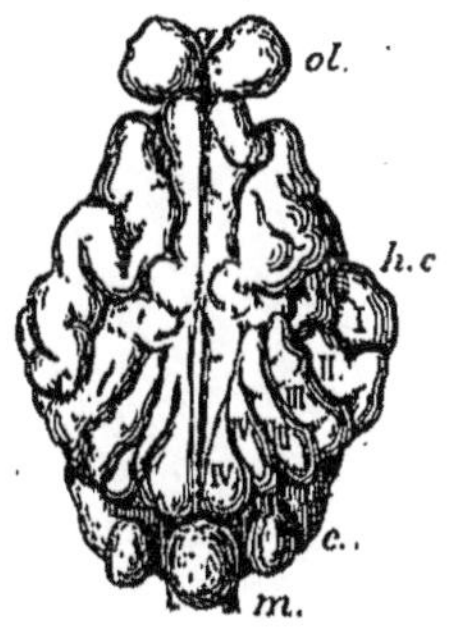

Fig. 127. — Moulage intra-crânien de la *Gazella deperdita*, vu en dessus, à 1/2 grandeur : *ol.* lobes olfactifs; *h.c.* hémisphères cérébraux; I. la première circonvolution placée derrière la scissure de Sylvius; II. seconde circonvolution: III et III., la troisième circonvolution entre les replis de laquelle il y a un sillon: IV et IV., la quatrième circonvolution présentant également deux plis; *c.* cervelet formé de trois parties; *m.* moelle allongée. — Miocène supérieur du mont Léberon (Vaucluse).

cules optiques, le cervelet et même la moelle allongée sont ramenés en dessous des hémisphères; la concentration est à son suprême degré (fig. 128).

Dès l'époque quaternaire, l'homme a marqué sa supériorité immense sur le monde animal. Il y eut un temps où, dans nos contrées, on vit cheminer le gigantesque *Elephas antiquus*, le rhinoceros de Merck, de puissants bovidés; des hippopotames plongeaient dans les rivières bordées de figuiers; on entendait rugir les

Machairodus, les hyènes et les ours. La nature des temps géologiques avait encore sa force, sa fécondité. En face de bêtes géantes ou féroces, ont paru des hommes à peu près faibles comme nous le sommes, n'ayant pour se défendre que des bâtons et des instruments en silex. Lutte inégale, combat rempli d'anxiété! On dirait des pygmées qui s'essayent contre des géants. Eh bien! les pygmées ont vaincu les géants. Le génie de l'homme a dominé la vieille nature.

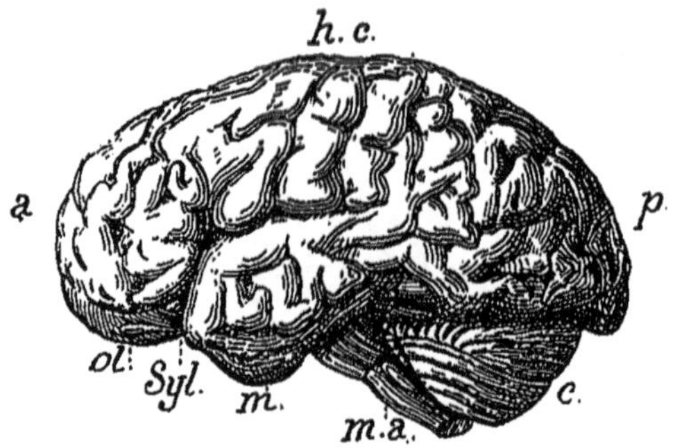

FIG. 128. — Encéphale humain vu de profil, au 1/5 de grandeur : *ol.* lobe olfactif : *h.c.* hémisphères cérébraux : *a.* son lobe antérieur ; en avant de la scissure de Sylvius, *Syl.* ; *m.* lobe moyen ; *p.* lobe postérieur ; *c.* cervelet ; *m.a.* moelle allongée (d'après Jamain).

Plus tard le spectacle avait changé ; la température était devenue glaciale et avait dû appauvrir la végétation ; les rivières gelées n'avaient plus d'hippopotames ; au cerf avait succédé le renne ; l'*Elephas antiquus* était remplacé par le mammouth couvert d'une épaisse toison, et le rhinoceros de Merck par le rhinoceros laineux. Il y avait alors de grands lions, des ours énormes, des hyènes. Malgré ces ennemis, en dépit des frimas, nos aïeux cousaient des vêtements, ébauchaient des gravures et des sculptures. Saluons-les avec respect, car c'étaient des braves et des artistes.

Après eux, il y a eu développement progressif du génie humain. Comme Victor Cousin l'a exposé dans un livre resté célèbre, la grandeur de l'homme consiste dans la poursuite du beau, du vrai et du bien. Les Grecs ont créé le culte du beau. La venue du christianisme a développé l'amour du bien. Nous méconnaîtrions notre époque, si nous mettions en doute que ses œuvres scientifiques marquent un progrès dans la recherche du vrai. Dieu seul peut savoir où ce progrès s'arrêtera.

CHAPITRE VIII

APPLICATIONS GÉOLOGIQUES DE L'ÉTUDE DE L'ÉVOLUTION

La science pure, dite spéculative, fournit des applications précieuses au moment où l'on y pense le moins. Ce ne sont pas toujours les choses qui semblent le plus directement utiles qui sont appelées à rendre les plus grands services.

Il y a une trentaine d'années, quand Rütimeyer et moi nous commencions à rassembler quelques observations sur les Enchaînements des mammifères des temps passés, nous étions mus seulement par une pensée philosophique; nous avions des aspirations vers les idées de simplicité et d'unité qui nous paraissaient le but suprême de la science. Je n'étais guère encouragé à croire que nous faisions quelque chose d'une utilité pratique; peu de personnes dans notre pays reconnaissaient quel profit il pouvait y avoir à dresser des tableaux où je disposais, les unes au-dessus des autres, les formes qui se sont succédé durant les âges géologiques. La doctrine de l'évolution semblait appartenir à un domaine purement théorique, et elle était mise en doute par la plupart des chefs de la science française.

En commençant ce livre, j'ai rappelé que pendant longtemps les zoologistes du Muséum de Paris se sont refusés à regarder la paléontologie comme une science distincte destinée à éclairer l'histoire de la Création. Les géologues ont eu autant de peine que les zoologistes à l'accepter. Lorsqu'il fut question de faire entrer à l'Académie un paléontologiste, les membres de la section de minéralogie et géologie pensèrent que la paléontologie, celle surtout qui traite de l'évolution des êtres, intéressait la zoologie plus que la géologie; ils furent d'avis de ne pas admettre un paléontologiste. L'Académie heureusement repoussa à une grande majorité de voix cette manière de voir.

Si des hommes, parmi lesquels on compte des savants illustres, ont entouré de peu de sympathie l'étude de l'évolution du monde animé, c'est sans doute que les paléontologistes n'avaient pas encore prouvé son utilité pratique; il importe donc de montrer qu'elle rendra des services aux géologues.

Personne ne nie plus aujourd'hui que c'est surtout par le secours des fossiles qu'il est possible de déterminer l'âge des terrains. Il est admis que chacun d'eux renferme un certain nombre de fossiles auxquels on donne le nom de fossiles caractéristiques. Pourquoi sont-ils caractéristiques d'une époque plutôt que d'une autre? Nul autrefois ne le savait, et cela ne pouvait manquer de déplaire, car on n'aime pas ce qu'on ne comprend pas et on a grand'peine à le retenir.

Mais, si la paléontologie nous fait assister à une évolution régulière du monde animé, il est évident que le stade de développement des fossiles doit correspondre à leur âge géologique ; nous comprenons alors pourquoi tels fossiles se rencontrent à tel niveau. Les géologues, qui nous apportent des os de vertébrés dans notre laboratoire du Muséum pour que nous leur disions l'âge du terrain d'où ils proviennent, savent que notre premier soin n'est pas de regarder s'ils appartiennent à quelques-unes des nombreuses espèces déjà connues, mais nous cherchons à quel stade d'évolution ils se trouvent, parce que les stades d'évolution, qui marquent les changements de l'organisation, marquent en même temps les principales divisions des temps géologiques. Voici deux gisements différents : je constate que dans l'un les animaux indiquent un état d'évolution moins avancé que dans l'autre ; j'en conclus que le premier est d'une époque plus ancienne.

Cette manière de faire de la paléontologie est beaucoup moins difficile qu'on ne pourrait se l'imaginer, parce que la nature est simple ; le nombre des types est borné. Les noms dont on a inondé l'histoire naturelle font croire à une complication qui n'existe pas ; une multitude de formes, différentes en apparence, sont une seule et même forme qui a subi peu à peu des changements à travers l'immensité des âges. Il faut habituer nos regards à suivre les types dans leurs mutations pour les retrouver aux diverses époques, et alors la paléontologie, au lieu de sembler un chaos inextricable, deviendra aisée à comprendre. Il y a quelques années, lorsque j'avais à prendre la défense de la paléontologie, j'ai écrit ces mots : « *La paléontologie qui a été tant repoussée, ballottée de la zoologie à la géologie, est une enfant de la France; elle est née dans le Muséum. Cette enfant était d'abord chétive, mais elle s'est développée rapidement; regardez-la bien, elle est devenue une grande et belle fille; avec elle on se plaît à rêver.* » Je peux ajouter que malheureusement on lui a donné un langage incompréhensible, et qu'on a caché ses traits sous mille vêtements qui la rendent méconnaissable. Rendons son langage plus clair, ôtons-lui ses enveloppes disparates, nous la verrons à nu, rayonnant à travers les âges, simple et charmante, telle que Dieu l'a faite. Les géologues, après l'avoir repoussée, lui prendront la main, et, conduits par elle, ils distingueront mieux les âges du monde.

Notre science est trop peu avancée pour permettre de bien comprendre les services que l'étude de l'évolution rendra aux géologues. Cependant je vais citer quelques exemples qui démontreront son utilité au point de vue pratique.

J'ai dit dans mes *Enchaînements du monde animal* que la plupart des polypes ont commencé par être surchargés de calcaire, de telle sorte qu'ils participaient presque autant du règne minéral que du règne animal; la substance molle des polypes rugueux, qui ont dominé dans le Primaire, était enchevêtrée avec les éléments calcaires; c'était un mélange assez confus (fig. 129, A.). Puis, les parties calcaires ont diminué et se sont groupées en cloisons verticales reliées par des traverses : cela caractérise la phase astréide qui a joué un rôle important à l'époque jurassique (même figure, B.). Les éléments calcaires, diminuant encore, les traverses ont été réduites à des pointes dites synapticules; cela se montre bien dans les grands fongides du Crétacé (même figure, C.). Les synapticules, à leur tour, ont disparu chez de nombreux polypes, et le type cloisonnaire s'est manifesté dans toute sa netteté chez les turbinolides du Tertiaire inférieur (même figure, D.). Les éléments calcaires s'amoindrissant toujours, les cloisons ont été perforées ou parfois presque détruites, comme on le remarque

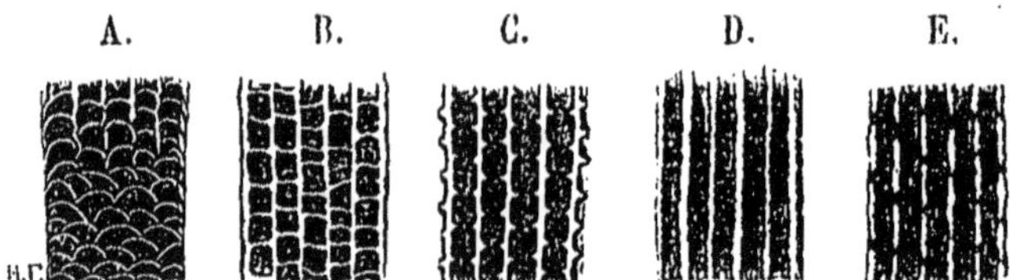

FIG. 120. — Coupes théoriques de polypiers supposés coupés verticalement A. rugueux; B. astréide; C. fongide; D. turbinolide; E. perforé.

chez les polypiers, appelés zoanthaires perforés, devenus abondants à l'époque miocène (même figure, E.). Enfin la destruction de la matière minérale a été complète, et, au lieu de polypes pierreux, on voit souvent pulluler sur nos rivages les molles anémones de mer. Ainsi l'état d'évolution des polypes peut nous fournir des présomptions sur l'âge des terrains dans lesquels on les rencontre. Il y a quelque probabilité que la prédominance du type A. annonce le Primaire, que celle de B. annonce le Jurassique, que celle de C. annonce le Crétacé, que celle de D. annonce le commencement du Tertiaire et que celle de E. en annonce la fin.

On sait que les échinodermes, à leur début, ont été attachés par une tige au sol sous-marin, et que, plus tard, dépourvus de tige, ils sont devenus libres. Lors donc que nous trouvons des blastoïdes, des cystidés, des crinoïdes fixés par une tige (fig. 130), nous pensons que nous sommes sur un terrain primaire; quand nous rencontrons à la fois des oursins libres et des crinoïdes encore captifs, nous supposons qu'ils correspondent à la première moitié des temps secondaires; si les oursins

Fig. 130. — *Cupressocrinus crassus*, à 1/2 grandeur. — Dévonien de Gerolstein, Eifel. (Collection d'Orbigny.)

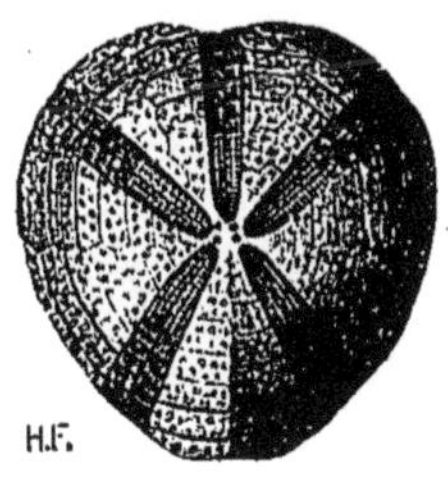

Fig. 131. — *Micraster cor-testudinarium*, aux 3/5 de grandeur. — Sénonien de Paron, près Sens. (Collection de M. Cotteau.)

(fig. 131) ou les comatules dominent presque exclusivement, ils nous indiquent une époque plus récente.

J'ai rappelé que les crinoïdes ont eu d'abord leurs viscères enfermés dans une boîte et que plus tard leurs viscères ont été à nu. D'après cela, en trouvant des crinoïdes dont le calice est formé de nombreuses pièces surmontées d'une voûte, nous pensons qu'ils sont primaires; si nous observons des crinoïdes sans voûte pour abriter les viscères, nous sommes portés à admettre qu'ils sont moins anciens.

On a remarqué que la boîte des échinodermes a commencé par avoir des pièces sans ordre apparent, qu'ensuite ces pièces se sont disposées en nombreuses rangées et que plus tard encore ces rangées se sont réduites au nombre fixe de vingt. Par conséquent, lorsque nous rencontrons des cystidés où les pièces sont sans ordre, nous disons que nous sommes sur le Silurien; quand nous voyons des oursins à nombreuses rangées de pièces (fig. 132), nous supposons qu'ils sont de la fin du

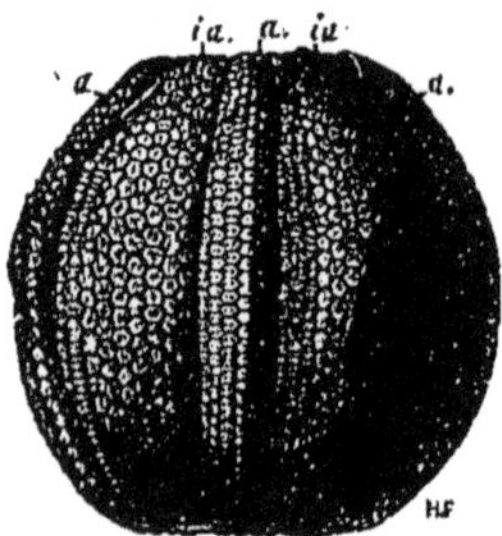

FIG. 132. — *Melonites multipora*, au 1/3 de grandeur : *a.* ambulacres; *i.a.* inter-ambulacres. — Carbonifère de Saint-Louis du Missouri.

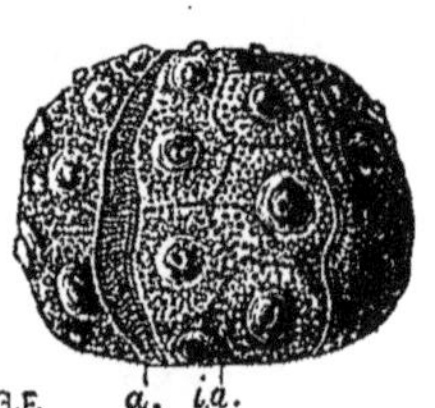

FIG. 133. — *Cidaris marginata*, aux 3/4 de grandeur : *a.* ambulacres; *i.a.* inter-ambulacres. — Corallien de la Rochelle.

Primaire; si les oursins n'ont que vingt rangées de pièces (fig. 133), ils indiquent un terrain postérieur au Primaire.

Puisqu'il est reconnu que les brachiopodes ont eu leur règne dans les temps anciens, un géologue qui explore un terrain rempli de brachiopodes de types variés, *Spirifer*, *Atrypa*, *Orthis*, *Productus*, *Pentamerus*, etc., en conclut que ce terrain est primaire. Quand il ne trouve plus que des Spirifers ou quelque autre survivant isolé des temps primaires, il pense qu'il est dans le Trias ou le Lias, et lorsque, au lieu de ces formes anciennes, il recueille une multitude de rhynchonelles et de térébratules, il suppose qu'il est dans un terrain du milieu ou de la fin du Secondaire. Si les formes de brachiopodes deviennent plus rares, il y a présomption qu'on est dans un terrain tertiaire.

Tandis que les brachiopodes ont eu leur apogée durant les âges primaires, les mollusques à deux valves ont eu leur règne dans les temps secondaires. Non seulement ils sont devenus plus variés, mais aussi ils ont eu plus de complication; beaucoup d'entre eux ont été munis de tubes pour amener l'eau dans l'intérieur du corps et pour l'en chasser. Lors donc que nous voyons des coquilles bivalves nombreuses, très diversifiées, avec un sinus montrant que les animaux étaient munis de tubes, nous sommes portés à croire qu'elles appartiennent à des assises supérieures au Primaire.

Les gastropodes ont eu un développement progressif; ceux qui sont siphonostomes ont paru après ceux qui

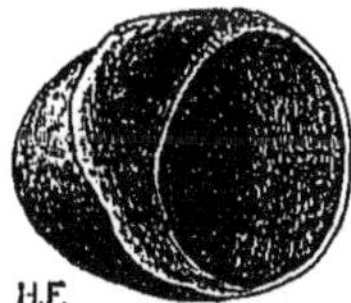

FIG. 134. — *Platystoma niagarense*, vu du côté de l'ouverture et en dessus, aux 3/5 de grandeur. — Silurien supérieur de Waldron, Indiana.

sont holostomes. Si nous rencontrons un terrain où les gastropodes ne sont représentés que par les holostomes (fig. 134), nous dirons qu'il est primaire. S'il renferme en abondance des siphonostomes, nous supposerons qu'il est d'une formation plus récente (fig. 135). Parmi les siphonostomes, les plus élevés sont ceux que Paul Fischer a rangés sous le nom de rachiglosses, tels que *Murex*, *Fusus*, *Voluta*, *Mitra*, et sous le nom de toxoglosses ou venimeux tels que *Terebra*, *Cancellaria*, *Conus*, *Pleurotoma*; leur abondance indique l'époque tertiaire et le plus souvent la seconde moitié de cette époque. Les pulmonés (fig. 136), qui sont classés par tous les zoologistes en tête de la classe des gastropodes, se sont

FIG. 135. — *Zittelia Sophia* (M. Fischer, d'après le frère Ogérien). — Tithonique, Jura.

FIG. 136. — *Pupa vetusta*, de grandeur naturelle et grandie trois fois (d'après M. Dawson). — Terrain houiller de la Nouvelle-Écosse.

développés les derniers; ce sont des raretés dans le Primaire; peu répandus encore dans le Secondaire, ils ont pris de plus en plus d'importance pendant l'époque tertiaire ; c'est seulement vers le milieu de cette époque qu'ils sont arrivés à leur apogée; quand donc nous trouvons des roches remplies d'hélix ou d'autres pulmonés, nous pouvons croire qu'elles ne sont pas d'un âge bien ancien.

L'état d'évolution des céphalopodes donne encore de meilleurs renseignements sur les époques géologiques. Rencontrons-nous un gisement où tous ces mollusques paraissent avoir été protégés par une coquille (fig. 157 et 158), nous sommes autorisés à supposer que ce gise-

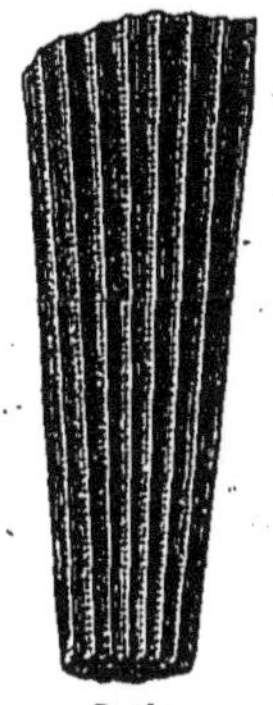

Fig. 157. — *Orthoceras Gesneri*, grandeur naturelle. — Carbonifère de Tournay.

Fig. 158. — *Nautilus Konincki*, grandeur naturelle. — Carbonifère de Tournay.

ment est primaire. Trouvons-nous un second gisement où des coquilles enveloppantes de céphalopodes (fig. 139)

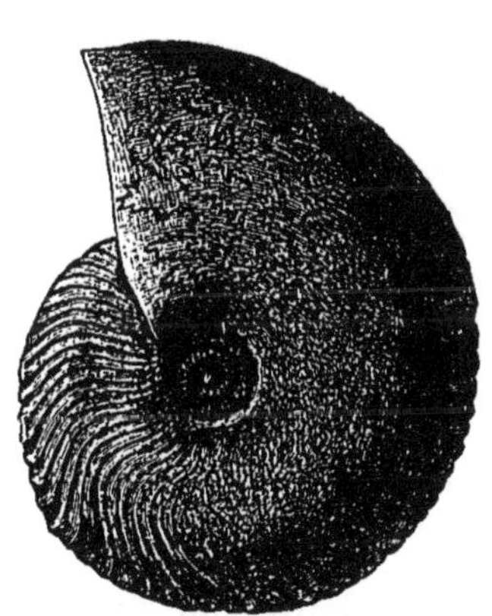

Fig. 139. — *Cardioceras* (*Amaltheus*) *cordatum*, grandeur naturelle. — Oxfordien de Neuvisy, Ardennes.

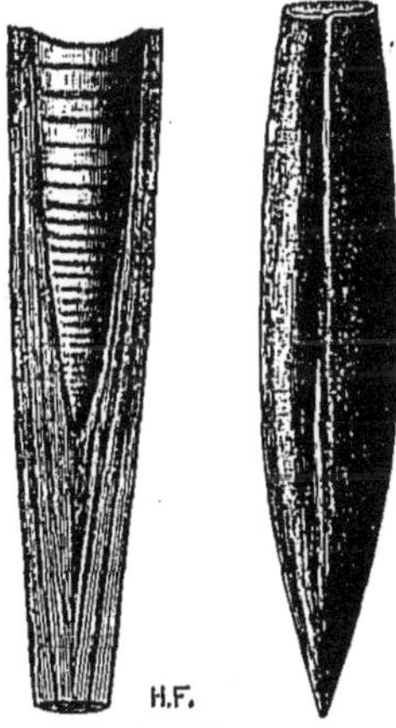

Fig. 140. — *Belemnites hastatus*, gr. nat., phragmocône et rostre, aux 3/4 de gr. — Oxf. d'Écommoy, Sarthe.

sont mélangées avec des coquilles non enveloppantes (fig. 140), nous disons qu'il est secondaire. Arrivons-nous à un troisième gisement où les céphalopodes n'ont laissé que des coquilles internes, nous pensons qu'il est tertiaire ou plus récent.

Parmi les céphalopodes enfermés, on observe des variations infinies depuis la forme droite jusqu'à la forme la plus enroulée, depuis les cloisons les plus simples jusqu'aux cloisons les plus compliquées. Les nautilidés qui ont des formes droites ou peu courbées avec des cloisons simples (fig. 141 et 142) ont régné d'abord. Plus tard sont venus les ammonitidés qui s'enroulent fortement sur eux-mêmes et ont des cloisons très compliquées; on en a un

FIG. 141. *Orthoceras*, forme droite, à cloisons simples. Silurien.

FIG. 142. *Cyrtoceras*, forme courbe, à cloisons droites. Silurien.

FIG. 143. — Un bord de cloison du *Perisphinctes Achilles* (d'après d'Orbigny). Corallien de la Rochelle.

exemple bien caractérisé dans la figure 143 qui représente une ammonite jurassique où les lobes et surtout les selles présentent des découpures extraordinaires. Enfin, vers le temps où les ammonitidés vont s'éteindre, plusieurs, comme fatigués de leur luxuriant épanouissement, n'ont plus eu la force de s'enrouler (fig. 144, 145) et ont formé des cloisons moins compliquées (fig. 146).

Fig. 144. *Toxoceras.* Néocomien.

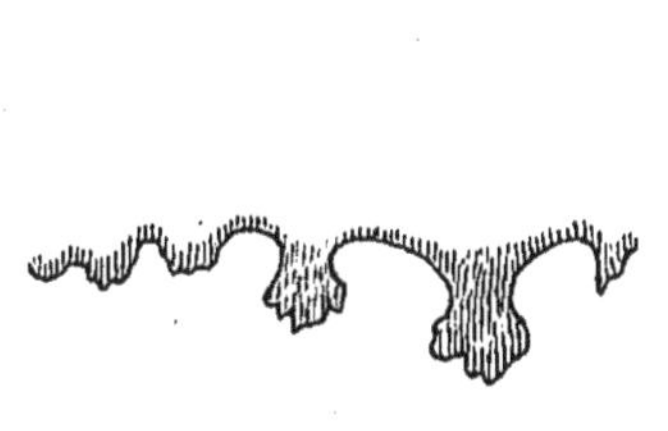

Fig. 146. — Bord de cloison de *Tissotia Tissoti* (d'après Bayle). — Santonien de Constantine.

Fig. 145. *Baculites.* Sénonien.

Les géologues se tromperont rarement quand ils supposeront que les premiers de ces céphalopodes sont pri-

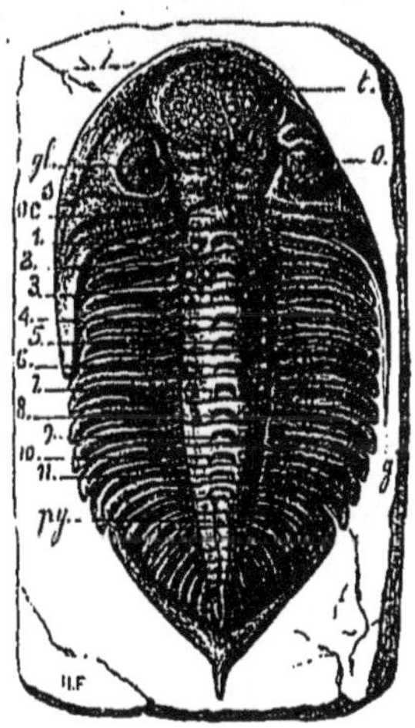

Fig. 147. — *Dalmanites caudatus*, gr. nat. : *t.* tête; *gl.* glabelle; *o.* œil; *s.* suture faciale; *oc.* anneau occipital; *g.* pointe génale; 1 à 11, segments thoraciques; *py.* pygidium. — Silurien supérieur de Dudley. (Collection du Muséum.)

maires, que les seconds sont jurassiques, que les troisièmes sont crétacés.

Ces remarques sur les mollusques ne peuvent servir

que pour reconnaître les principales divisions géologiques. Mais le groupe des ammonitidés a été l'objet d'admirables travaux qui montrent, d'une manière frappante, les services que l'étude de leur évolution rend dès maintenant pour la détermination des étages[1].

L'évolution des crustacés, aussi bien que celle des mollusques, fournit des indications utiles aux géologues. Le moindre morceau de trilobite (fig. 147) ou

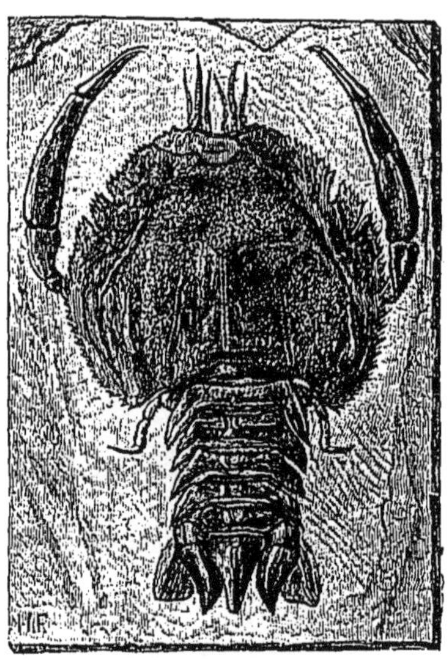

Fig. 148. — *Eryon propinquus*, aux 2/5 de grandeur. — Calcaire lithographique d'Eichstätt. (Collection du Muséum.)

d'euryptéride leur révélera qu'ils sont sur le Primaire. S'ils n'observent pas de traces de ces crustacés infé-

1. Je ne peux ici entreprendre l'examen des œuvres de Waagen, Hyatt, de Mojsisovics, Branco, Neumayr, Uhlig, Würtenberger, etc. On trouvera des résumés sur la phylogénie des ammonitidés dans les *Éléments de paléontologie* de M. Félix Bernard, 1895, et dans un travail de M. Haug, intitulé *Les ammonites du Permien et du Trias* (Bull. Soc. géol., série 3, vol. XXII, p. 385, 1894).

rieurs, mais qu'ils rencontrent à leur place des décapodes macroures (fig. 148), ils pourront penser que le terrain est triasique ou jurassique. S'ils découvrent des brachyures, qui sont les plus élevés des décapodes, ces animaux les préviendront qu'ils sont arrivés sur un terrain crétacé ou tertiaire.

Il paraît, suivant M. Scudder, que l'histoire des insectes fossiles présente le spectacle d'un développement progressif; les ordres actuels d'insectes auraient été d'abord imparfaitement différenciés; puis leurs limites auraient été bien marquées, mais il n'y aurait eu d'abord que les ordres d'insectes à métamorphoses incomplètes; ceux à métamorphoses complètes seraient venus plus tard. D'après cela, lorsque nous voyons des insectes qui se rapprochent des coléoptères, des orthoptères, des névroptères, des hémiptères, sans avoir encore des caractères tranchés comme dans les genres actuels, nous supposons que nous sommes dans le Primaire; quand ces insectes sont devenus semblables aux genres de notre époque et qu'on ne rencontre point parmi eux des insectes à métamorphoses complètes, on a lieu de croire qu'ils appartiennent au Trias ou au Lias; si nous apercevons quelques traces de mouches, d'hyménoptères, de papillons, il est possible que nous soyons arrivés à l'Oolite; l'abondance des insectes à métamorphoses complètes annonce que nous sommes entrés dans le Tertiaire.

Les différents états d'évolution des poissons osseux fournissent d'excellents moyens pour fixer les principales époques. Il y a des terrains où nous ne trouvons pas de restes de poissons; ils marquent le commencement du Primaire. Il y en a d'autres où nous voyons des poissons qui n'ont pas de colonne vertébrale, par exemple des *Cephalaspis* (fig. 149), des *Didymaspis*

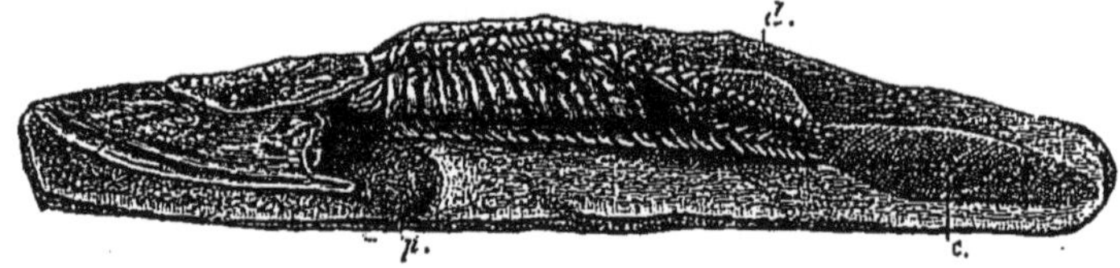

Fig. 149. — *Cephalaspis Lyelli*, vu de profil, à 1/2 grandeur : *p.* nageoires pectorales; *d.* nageoire dorsale; *c.* nageoire caudale (d'après M. Ray Lankester). — Dévonien inférieur d'Arbroath, Écosse.

(fig. 150); ces terrains appartiennent au milieu du Primaire. D'autres assises ne nous offrent plus ces poissons sans apparence de colonne vertébrale; mais nous y trouvons des genres où la colonne vertébrale est

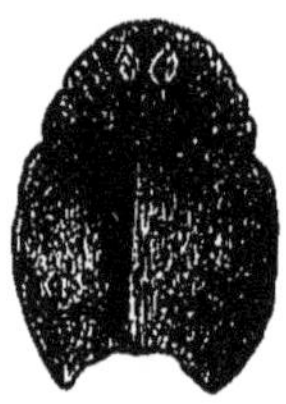

Fig. 150. — *Didymaspis Grindrodi*, grandeur naturelle (d'après M. Lankester). Dévonien inférieur de Ledbury.

encore imparfaitement ossifiée (fig. 151); les arcs des vertèbres sont formés, leurs centrum ne le sont pas; nous pouvons penser que ces assises datent de la fin du Primaire. Dans d'autres terrains, les poissons ont leurs centrum de vertèbres en partie ossifiés; au lieu d'être hétérocerques[1], comme dans les assises pri-

1. Les termes d'hétérocerques, de stégoures, d'homocerques ont été expliqués dans les *Enchaînements du monde animal, Fossiles primaires*, p. 240 à 242.

maires, ils sont stégoures (fig. 152); nous supposons qu'ils sont du commencement du Secondaire. D'autres couches renferment à la fois des espèces où les corps de vertèbres ne sont pas ossifiés, des espèces dont les vertèbres sont en partie ossifiées et des espèces ayant leurs vertèbres complètement ossifiées; nous avons lieu de croire qu'elles sont du milieu du Secondaire. Enfin, quand nous trouverons des couches où presque tous les poissons osseux (fig. 153) ont leurs vertèbres achevées et, où la disposition homocerque a remplacé la disposition stégoure, nous dirons que ces couches se rapportent soit à la fin des temps secondaires, soit à une époque plus récente.

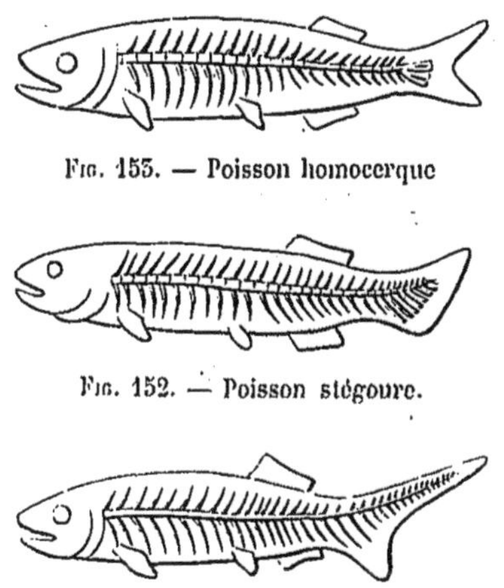
Fig. 153. — Poisson homocerque

Fig. 152. — Poisson stégoure.

Fig. 151. — Poisson hétérocerque.

Dans les *Enchaînements du monde animal*, j'ai parlé des changements de l'exosquelette inverses de ceux de l'endosquelette. Ces changements nous servent également pour marquer les principales divisions géologiques. L'abondance des poissons qui ont été appelés placodermes, parce que leur corps est couvert de grandes plaques dures (fig. 150), indique l'époque où les vertébrés ont commencé, c'est-à-dire le milieu du Primaire. Si, au lieu de ces genres revêtus de plaques, nous trouvons des poissons (fig. 154) couverts d'écailles de même

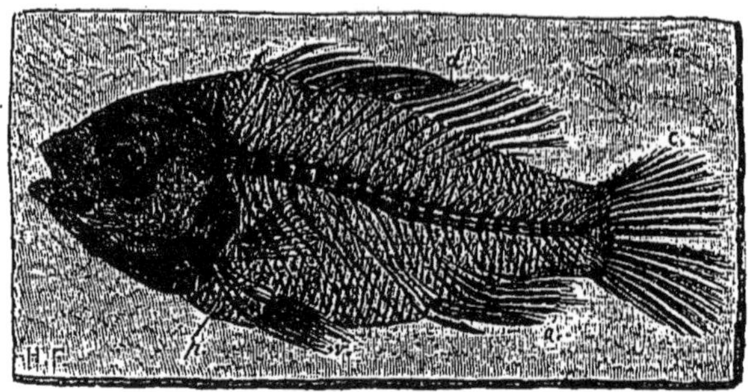

Fig. 156. — *Lates Heberti*, aux 4/5 de grandeur : *p.* pectorales; *v.* ventrales; *d.* dorsale; *a.* anale; *c.* caudale. — Pisolitique du Mont Aimé

Fig. 155. — *Leptolepis sprattiformis*, de grandeur naturelle : *b.* rayons branchiostèges; *p.* pectorale; *v.* ventrale; *d.* dorsale; *a.* anale; *c.* caudale; on voit à la fois des écailles et un squelette interne. — Calcaire lithographique de Solenhofen. (Collection du Muséum.)

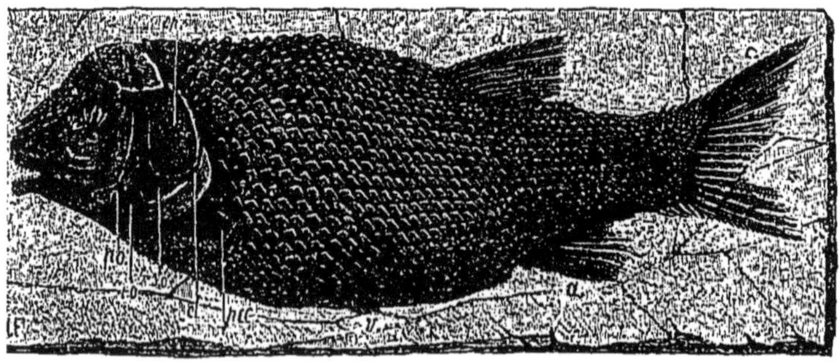

Fig. 154. — *Lepidotus helvensis*, à 1/6 de grandeur : *p.o.* pré-opercule; *op.* opercule; *s.o.* sous-opercule; *i.o.* inter-opercule; *cl.* clavicule; *pec.* nageoire pectorale; *d.* dorsale; *v.* ventrale; *a.* anale; *c.* caudale. — Lias supérieur d'Holzmaden. (Collection du Muséum.)

forme que chez ceux d'aujourd'hui, mais ossifiées et portant un émail brillant, nous pouvons supposer que nous sommes sur un terrain de la fin du Primaire ou du commencement du Secondaire. Quand nous voyons réunis dans une même assise des poissons à écailles osseuses, encore très dures, d'autres à écailles osseuses amincies (fig. 155), d'autres à écailles molles, nous disons que cette assise appartient au milieu du Secondaire. Si un terrain ne nous offre plus que des poissons à écailles molles qui laissent voir tous les détails de leur squelette avec leurs moindres arêtes (fig. 156), nous sommes en mesure d'affirmer que ce terrain est de la fin des temps secondaires ou d'un âge plus récent.

Les dents des poissons rendent parfois des services

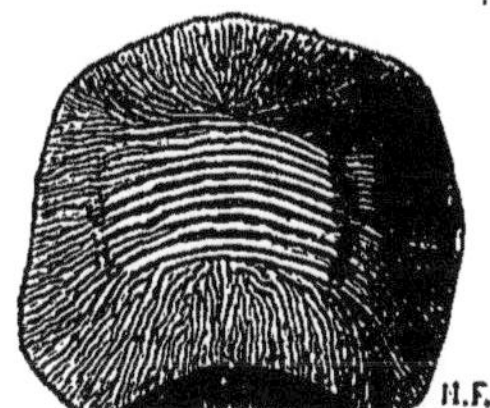

FIG. 157. — Dent de *Ptychodus decurrens*, vue en dessus, grandeur naturelle. — Craie du comté de Kent. (Collection du Muséum.)

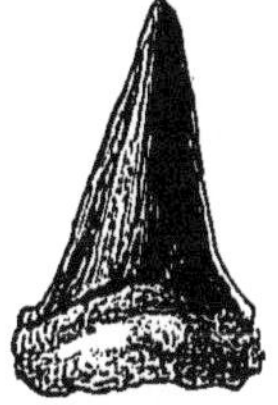

FIG. 158. — Dent d'*Oxyrhina Mantelli*, grandeur naturelle. — Cénomanien du Hâvre. (Collection du Muséum.)

aux géologues. Les grosses dents aplaties, faites pour broyer, annoncent les périodes où les poissons ont eu les écailles les plus dures, c'est-à-dire les temps triasiques, jurassiques et infra-crétacés. Le mélange de dents en pavés, telles que celles des *Ptychodus* (fig. 157), et des dents pointues comme celles des *Oxyrhina* (fig. 158) indique l'époque de la craie, où les poissons à écailles osseuses commencent à disparaître. La prédominance des dents pointues, coupantes caractérise les ères tertiaire ou actuelle durant lesquelles les poissons n'ont plus que des écailles molles.

Fig. 159. — Fémur d'*Actinodon Frossardi*, aux 2/5 de grandeur. — Permien de Muse. (Collection de M. Frossard.)

L'état d'évolution des reptiles peut aussi donner des indications pour les grandes périodes géologiques. Il y a des terrains de France, d'Allemagne, de Russie, de l'Inde, de l'Amérique qui recèlent des reptiles dont l'ossification n'était pas complète; les os des membres n'avaient pas leurs extrémités bien finies, mais ils avaient un épais cartilage qui les reliait aux os contigus (fig. 159); les centrum des vertèbres étaient composés de morceaux non soudés qui laissaient encore une partie de la notocorde dans son état primitif, de sorte qu'au lieu de trouver des centrum de vertèbres entiers, on n'en découvre que des morceaux séparés les uns des autres (fig. 160). Ces quadrupèdes inachevés nous apprennent que nous sommes sur un terrain primaire.

Fig. 160. — Morceaux d'une vertèbre d'*Euchirosaurus Rochei*, grandeur naturelle : A. pleurocentrum; B. hypocentrum. — Permien d'Igornay.

D'autres gisements offrent des reptiles très voisins des précédents qui ont grandi et se sont complètement ossifiés; ils indiquent le Trias. Si nous rencontrons des ossements de gigantesques dinosauriens, de reptiles volants ou de reptiles marins comme l'*Ichthyosaurus*, le *Mosasaurus*, nous ne doutons pas que nous soyons sur un terrain antérieur au Tertiaire; une vertèbre d'*Ichthyosaurus* suffit au géologue, le moins bien disposé en faveur de la paléontologie, pour admettre qu'un terrain est secondaire. Quand, à la place des étranges et énormes créatures dont les types sont éteints, nous voyons des batraciens, des serpents, des lézards, des crocodiles, des tortues, cela nous annonce l'époque tertiaire ou une époque plus récente.

Le plus ancien oiseau que l'on connaisse est l'*Ar-*

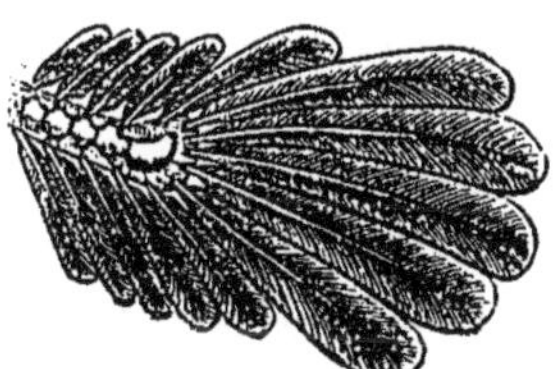

FIG. 161. — Queue d'oiseau stéréocerque (perdrix).

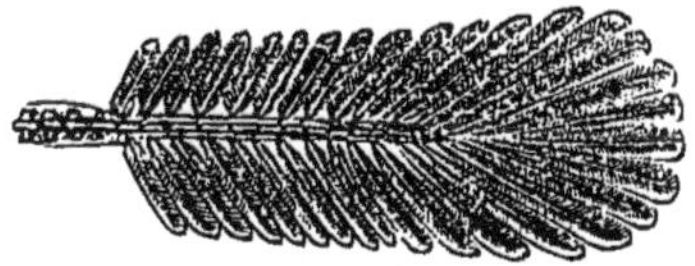

FIG. 162. — Queue d'oiseau leptocerque (*Archæopteryx*).

chæopteryx[1]. Au lieu d'un bec corné, il montrait des mâchoires armées de dents; au lieu d'un croupion (fig. 161), il avait une queue (fig. 162) aussi longue que celle des reptiles; au lieu d'avoir les os des extrémités des ailes atrophiés et soudés, ainsi que dans la

1. M. Marsh a trouvé une trace d'oiseau dans le Jurassique supérieur du Wyoming. Il l'a décrit sous le nom de *Laopteryx priscus*.

plupart des espèces actuelles d'oiseaux (fig. 163), il avait les os de ses doigts (fig. 164) encore peu différents

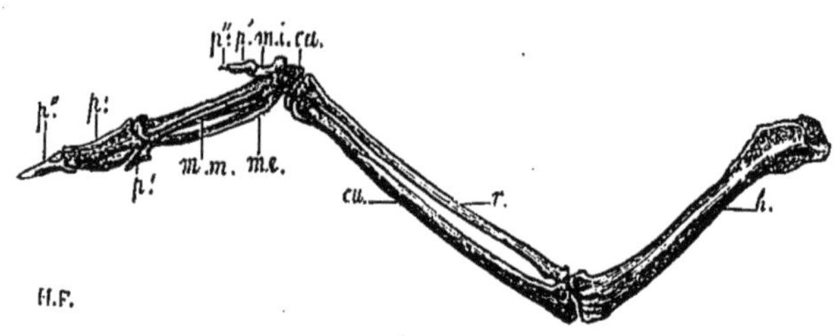

FIG. 163. — Aile gauche d'un aigle, à 1/6 de grandeur : *h.* humérus; *r.* radius. *cu.* cubitus; *ca.* carpe; *m.i.* métacarpien interne; *m.m.* métacarpien médian : *m.e.* métacarpien externe; *p'.* premières phalanges; *p''.* seconde phalange. — Époque actuelle. (Collection d'anatomie comparée.)

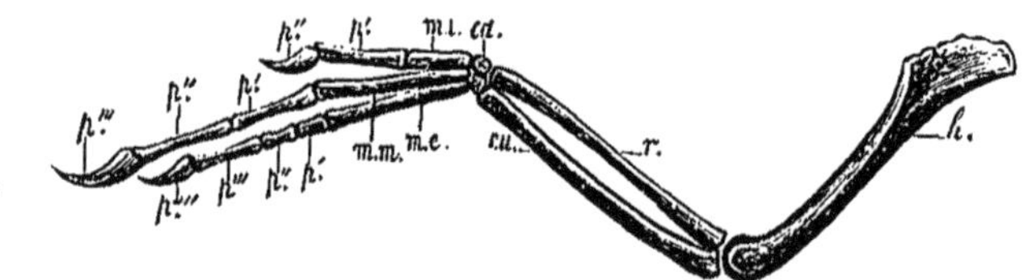

FIG. 164. — Aile gauche de l'*Archæopteryx lithographica*, à 1/2 grandeur. Mêmes lettres que dans la figure précédente. — Solenhofen.

de ceux des reptiles. On conviendra que, si nous ne savions pas que la pierre lithographique de Solenhofen, d'où provient l'Archæopteryx, est jurassique, nous pour-

FIG. 165. — Mandibule d'*Ichthyornis dispar*, grandeur naturelle (d'après M. Marsh). — Crétacé du Kansas.

rions le deviner d'après l'état d'évolution de cet oiseau. Quand on a découvert dans le Kansas un mélange d'oiseaux dont les uns, comme l'*Ichthyornis* (fig. 165) et l'*Hesperornis*, rappellent un stade primitif et dont les autres ont achevé leur évolution, il a paru très naturel d'apprendre qu'ils provenaient du Crétacé, c'est-à-dire d'un terrain intermédiaire entre le Jurassique et le Tertiaire. Lorsque nous observons des restes nombreux d'oiseaux qui se rapprochent des formes actuelles, nous sommes fondés à croire qu'ils sont du Tertiaire ou d'un dépôt plus récent.

Les mammifères sont les animaux dont l'évolution a été le plus étudiée. Chaque stade de leur développement indique un cran dans la série des âges géologiques; ils

Fig. 166. — Mandibule de *Phascolotherium Bucklandi*, au double de grandeur, vue sur la face interne : *i.* les 3 incisives; *c.* canine; *p.m.* les 4 prémolaires; *a.m.* les 3 arrière-molaires; *an.* angulaire; *co.* condyle articulaire; *cor.* coronoïde. (D'après Richard Owen.) — Bathonien de Stonesfield, près d'Oxford.

servent à la détermination, non seulement des terrains, mais aussi des étages. C'est pourquoi je vais insister un peu sur les services que les géologues doivent en attendre.

Les quelques mammifères, recueillis jusqu'à présent dans le Secondaire d'Europe et d'Amérique, sont pour la plupart des marsupiaux (fig. 166). Si donc on rencontre un terrain où dominent les marsupiaux, on doit supposer qu'il est secondaire. Lorsque, au milieu d'os de vrais placentaires, nous remarquons des débris soit de marsupiaux, soit de placentaires qui ont conservé certaines particularités des marsupiaux, comme l'*Arctocyon*, la *Proviverra*, l'*Hyænodon* (fig. 167), nous pensons que nous sommes sur l'Éocène ou l'Oligocène. Quand, dans un gisement de nos pays, nous ne reconnaissons plus, à côté des restes de placentaires, une seule pièce qui ait le caractère marsupial, nous disons que ce gisement est plus récent que l'Oligocène[1].

Les mammifères marins n'ont pas encore été signa-

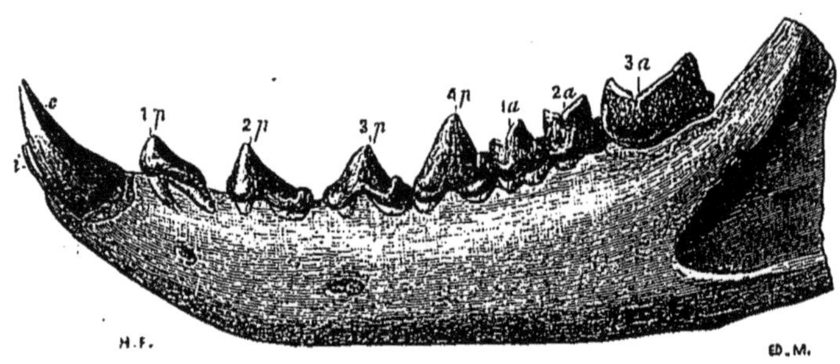

Fig. 167. — Mandibule gauche d'*Hyænodon leptorhynchus*, race de petite taille, dessinée sur la face externe aux 9/10 de grandeur. Mêmes lettres que dans la figure précédente. — Phosphorites de Mouillac.

lés dans le Secondaire; par conséquent, si nous rencontrons un terrain qui renferme leurs os, nous sommes jusqu'à présent fondés à le croire postérieur au Secondaire. Ces animaux sont rares dans l'Éocène, moins rares dans l'Oligocène; ils commencent à se diversifier dans le Miocène; mais c'est seulement dans la période pliocène qu'ils se sont multipliés. Suivant leur degré d'abondance et de différenciation, nous

1. Le père Solaro a cru reconnaître des preuves de l'existence d'os marsupiaux sur un bassin de *Dinotherium* du Miocène, qui est conservé dans la maison des Jésuites à Toulouse. J'ai examiné ce bassin; je n'y ai pas vu l'indice d'os marsupiaux.

supposons que nous sommes dans un terrain plus ou moins récent.

Puisque les mammifères marins ont eu leur règne après les mammifères terrestres, il est possible qu'ils en descendent; ce seraient des quadrupèdes dont les membres antérieurs seraient devenus des nageoires pendant que les membres postérieurs auraient été atrophiés. Cette présomption est appuyée sur le fait que l'*Halitherium* de l'Oligocène, dont on a découvert tout le squelette (fig. 168), avait ses membres postérieurs

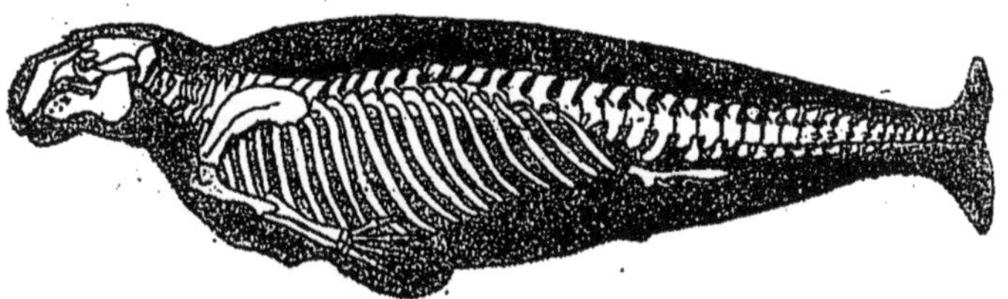

FIG. 168. — Restauration de l'*Halitherium Schinzi*, à 1/24 de grandeur (d'après Kaup et M. Lepsius). — Tongrien de Flonheim, Hesse-Darmstadt.

moins atrophiés que les siréniens actuels. D'après cela, nous pouvons penser que, si on trouve des mammifères marins où les membres de derrière soient encore plus développés, ils seront plus anciens que l'Oligocène.

Les pachydermes du groupe rhinocéros ont de nos jours une curieuse particularité qui leur a valu leur nom : une corne sur le nez et de gros os nasaux pour supporter cette corne. Mais il n'en a pas toujours été ainsi. Lorsque nous ne voyons que des rhinocéridés à petits os nasaux, comme l'*Amynodon*, l'*Hyracodon*, l'*Acerotherium* (fig. 169), cela nous apprend que nous sommes dans l'Éocène ou l'Oligocène. Quand M. Nouel a rencontré à Orléans le *Rhinoceros aurelianensis* (fig. 170) dont les os nasaux marquent un intermédiaire entre

Fig. 173.
Rhinoceros tichorhinus.
Quaternaire
Bords du Tchikoï.

Fig. 172.
Rhinoceros etruscus.
Pliocène.
Val d'Arno.

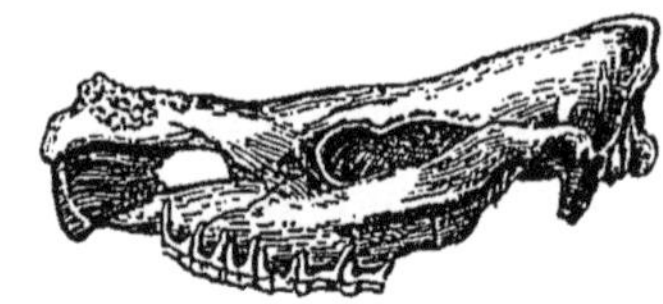

Fig. 171.
Rhinoceros pachygnathus.
Miocène supérieur.
Pikermi.

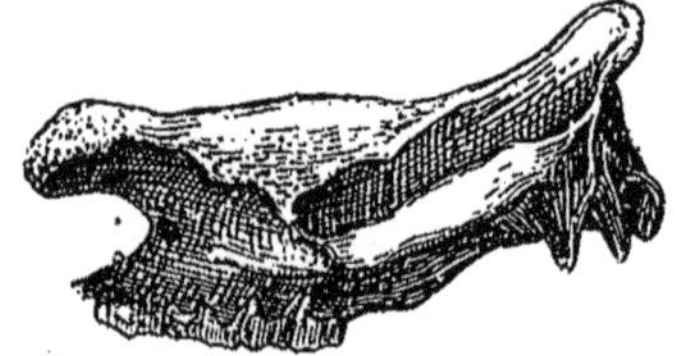

Fig. 170.
Rhinoceros aurelianensis.
Miocène inférieur.
Neuville-aux-Bois.

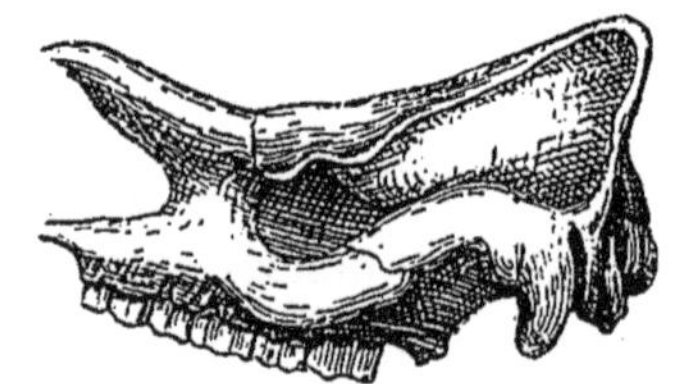

Fig. 169.
Acerotherium lemanense.
Oligocène.
Gannat.

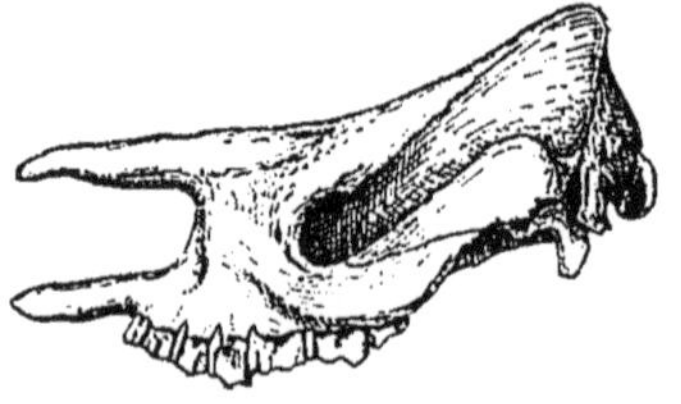

les espèces qui n'ont pas de cornes sur le nez et les espèces qui en portent, on n'a pas été étonné de constater qu'il se trouvait dans une assise intermédiaire entre l'Oligocène et le Miocène. Lorsque nous voyons en même temps des rhinocéros sans cornes et de vrais rhinocéros (fig. 171), nous pensons que nous sommes dans le Miocène moyen ou le Miocène supérieur. S'il n'y a plus que des rhinocéros proprement dits, nous supposons que nous sommes dans la première moitié du Pliocène. La découverte de rhinocéros avec une demi-cloison sous le nez (fig. 172) annonce le Pliocène supérieur ou la phase chaude du Quaternaire. Le rhinocéros à cloison complète (fig. 173), portant une énorme corne, indique l'époque glaciaire. Ainsi l'état d'évolu-

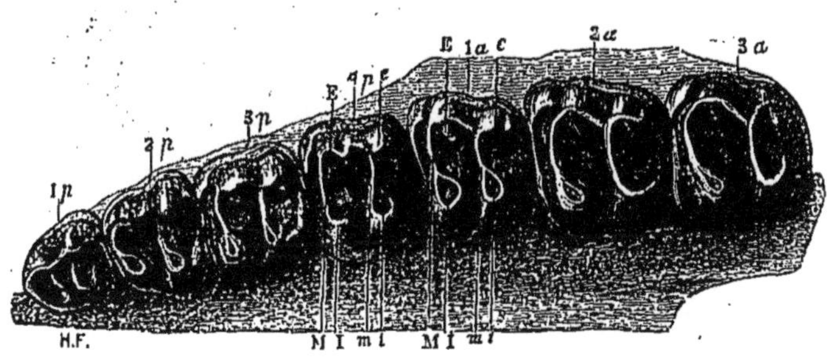

Fig. 174. — Côté gauche de la mâchoire supérieure du *Tapirus priscus*, vu sur la face interne, aux 3/5 de grandeur : 1*p*., 2*p*., 3*p*., 4*p*. prémolaires : 1*a*., 2*a*, 3*a*. arrière-molaires; E. denticule externe de la première rangée; M. denticule médian; I. denticule interne; *c*. denticule externe de la seconde rangée; *m*. denticule médian; *i*. denticule interne. — Eppelsheim.

tion des os du nez chez les rhinocéridés peut nous aider à fixer la date des divers étages qui renferment les restes de ces pachydermes.

Comme MM. Cope, Osborn et d'autres l'ont justement remarqué, les prémolaires supérieures de plusieurs animaux ont été triangulaires, avant de devenir quadrangulaires. Par exemple, les tapirs à prémolaires quadrangulaires (fig. 174), ont été précédés par les *Hyrachyus* (fig. 175), et les *Lophiodon* à prémolaires triangulaires; les rhinocéros à prémolaires quadrangulaires ont été précédés par les *Amynodon* à prémolaires triangulaires; les *Palæotherium* à prémolaires quadrangulaires ont été précédés par les *Paloplotherium* à prémolaires triangulaires: les *Anchitherium* et les solipèdes à prémolaires quadrangulaires ont été précédés par les *Pachynolophus* et les *Phenacodus* à prémolaires triangulaires. L'état d'évolution des prémolaires peut donc aider à découvrir

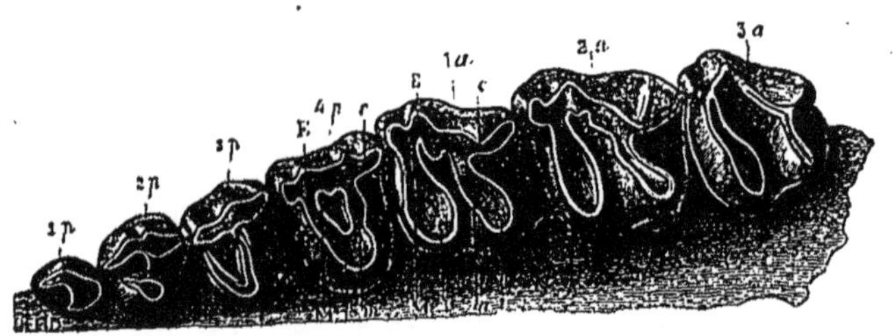

Fig. 175. — Côté gauche de la mâchoire supérieure de l'*Hyrachyus agrarius*, vu du côté interne, aux 9/10 de grandeur. Mêmes lettres (d'après M. Leidy.) — Éocène du Wyoming.

l'âge relatif des terrains qui renferment des mâchoires de pachydermes.

Les singulières productions des frontaux, qu'on appelle des bois, semblent avoir apparu dans les temps géologiques suivant le même ordre où elles se montrent pendant la vie de notre cerf ordinaire. Chez les ruminants de l'Oligocène, *Gelocus*, *Dremotherium*, *Oreodon*, etc., les crânes ne portent ni bois ni cornes[1]. Dans les sables de

1. L'étrange *Protoceras* de White River a un crâne muni, dans les individus mâles, de fortes protubérances; ces protubérances étaient couvertes simplement de peau. *Le Protoceras*, disent MM. Osborn et Wortman, *n'avait pas de vraies cornes.*

l'Orléanais, qui marquent le début du Miocène, il y a un cerf qui portait des bois (fig. 176, A); mais ces bois sont petits, et ils avaient si peu de sève, qu'ils ne pouvaient se renouveler; on ne voit pas les cercles de pierrures qui, dans les autres cerfs, indiquent la caducité des bois. Un peu plus tard (Miocène moyen), les bois grandissent, deviennent caducs; cependant ils ne sont pas encore très compliqués, ils n'ont en général que deux divisions

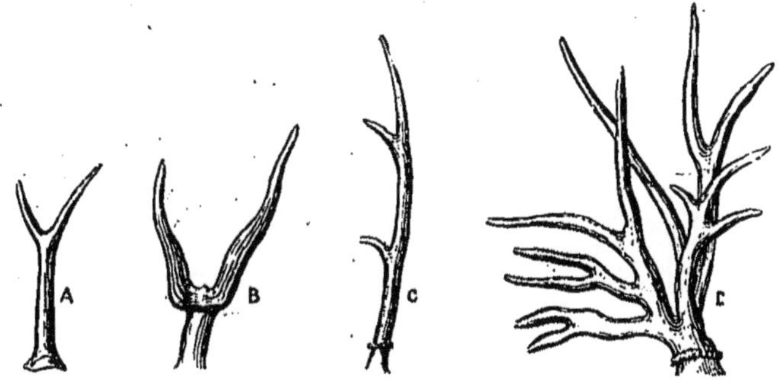

Fig. 176. — Bois de cervidés : *A. Procervulus aurelianensis* du Miocène inférieur de Thenay; *B. Dicrocerus elegans* du Miocène moyen de Sansan; *C. Cervus Matheronis* du Miocène supérieur du mont Léberon; *D. Cervus dicranius* du Pliocène du Val d'Arno. — Toutes ces figures sont très réduites, surtout la figure D.

(même figure, B). Dans le Miocène supérieur, ils en ont trois (C). Dans le Pliocène, ils atteignent le summum de ramification (*Cervus dicranius*, D). Dans le Quaternaire, les bois s'aplatissent en forme d'immenses empaumures (*Cervus megaceros*). Si donc on nous apporte une tête de cerf fossile, nous devinons, d'après l'état d'évolution de ses appendices frontaux, si elle est du Miocène inférieur ou du Miocène moyen ou du Miocène supérieur, ou du Pliocène ou du Quaternaire.

Les ruminants ordinaires n'ont pas d'incisives à la

mâchoire supérieure. Dans l'époque éocène, ils avaient des incisives aux deux mâchoires (*Xiphodon*). A l'époque oligocène, les uns ont gardé des incisives, comme l'*Oreodon* (fig. 177), les autres les ont perdues à la mâchoire supérieure (*Gelocus*, *Prodremotherium*). A partir de l'époque miocène, il n'y a plus de ruminants, sauf les camélidés, qui aient des incisives supérieures. Ainsi nous pouvons, d'après l'état des dents de devant, juger

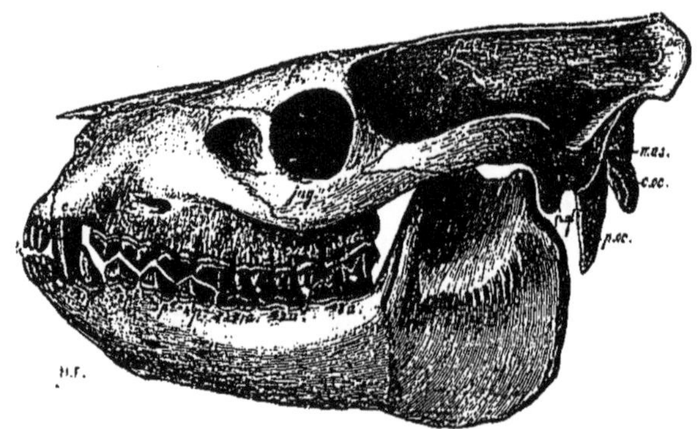

Fig. 177. — Crâne de l'*Oreodon Culbertsoni*, aux 2/5 de grandeur : *i.m.* intermaxillaire ; *m.* maxillaire ; *n.* nasal ; *lac.* lacrymal ; *fr.* frontal ; *par.* pariétal : *oc.* occipital ; *c.oc.* condyle occipital ; *p.oc.* par-occipital ; *mas.* mastoïde ; *tem.* temporal ; *p.gl.* apophyse post-glénoïde ; *jug.* jugal ; *i.* incisives ; *c.* canines : *1p.*, *2p.*, *3p.*, *4p.* les prémolaires ; *1a.*, *2a.*, *3a.* les arrière-molaires (d'après M. Leidy). — Oligocène du Nébraska.

approximativement l'âge d'un terrain tertiaire qui renferme des ruminants.

Les molaires de plusieurs genres actuels, tels que les bœufs, les chèvres, les moutons, sont admirablement conformées pour râper les graminées ; leur fût est très élevé, de sorte qu'elles persistent malgré une usure prolongée ; leurs denticules sont amincis et contournés, leur émail est couvert d'un cément qui les protège contre les acides et la silice des graminées. Cette disposition a été acquise lentement, à mesure sans doute que les prairies se sont étendues et que les animaux sont devenus plus herbivores. Quand nous trouvons dans un gisement des molaires comme celles du *Xiphodon* (fig. 178, A) qui sont plus basses, formées d'éléments moins contournés, enveloppées de moins de cément que chez les ruminants d'aujourd'hui, nous pouvons croire que ce gisement est éocène ou oligocène. Lorsque nous voyons des dents semblables, mais à fût plus élevé

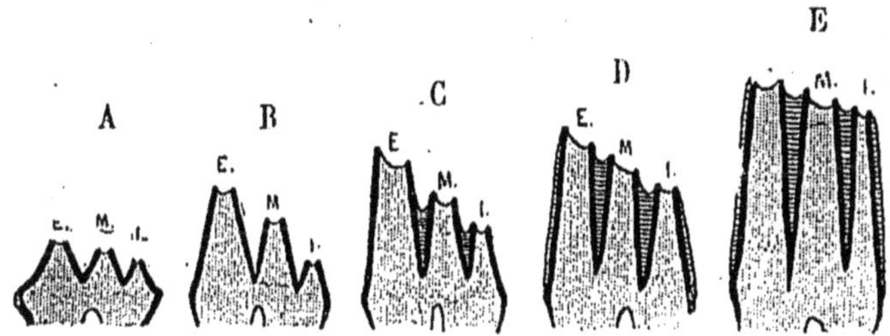

Fig. 178. — Coupes théoriques de molaires supérieures de ruminants pratiquées suivant le premier lobe composé du denticule externe E, du denticule médian M et du denticule interne I : *A. Xiphodon gracilis* de l'Éocène; *B. Tragocerus amaltheus* du Miocène supérieur; *C. Palæoryx boodon* du Pliocène moyen : *D. Bos elatus* du Pliocène supérieur ; *E. Bison priscus* du Quaternaire.

(même figure, B), nous disons que nous sommes dans le Miocène. Si le fût s'élève encore et que le cément se développe (même figure, C), nous avons lieu de croire qu'une assise est du Pliocène moyen. Si ces caractères s'accentuent (même figure, D), nous supposons que le terrain est du Pliocène supérieur; enfin s'ils s'exagèrent (même figure, E), c'est que nous sommes dans le Quaternaire.

Les ruminants actuels ont des pattes fines où les troisième et quatrième métacarpiens, ainsi que les troisième et quatrième métatarsiens sont soudés, formant les os uniques appelés canons. Il n'en a pas été ainsi au début. L'Éocène inférieur ne renferme pas de mammifères, dont les pattes ressemblent à celles des ruminants. Dans l'Éocène supérieur, les pattes des *Xiphodon* par leur allongement et la réduction des doigts latéraux

FIG. 179. — Patte post. gauche de *Xiphodon gracilis*, au 1/3 de gr. : 3 et 4, métatarsiens principaux ; 2 et 5, métat. rudimentaires — Éocène sup. de Paris.

FIG. 180. — Patte postérieure gauche de *Dremotherium Feignouxi*, au 1/4 de gr. Mêmes chiffres. — Oligocène sup. de Saint-Gérand-le-Puy.

FIG. 181. — Patte postérieure gauche de *Tragocerus amaltheus*, à 1/6 de grandeur. Mêmes chiffres. — Miocène supérieur de Pikermi.

annoncent les ruminants, mais leurs os sont séparés (fig. 179). Le *Gelocus* de l'Oligocène inférieur de Ronzon, a des commencements de soudure aux membres de derrière ; il n'en a pas aux membres de devant[1]. L'Oli-

1. Les diminutions des pattes des ruminants se sont produites beaucoup plus tard en Amérique qu'en Europe ; car l'Oligocène des Montagnes Rocheuses renferme l'*Oreodon* qui a encore cinq doigts.

gocène supérieur de Saint-Gérand-le-Puy nous montre le *Dremotherium* (fig. 180), chez lequel il y a des soudures au pied de derrière, comme au pied de devant. A partir du Miocène moyen, la plupart des ruminants européens (fig. 181) ont leurs métacarpiens et leurs métatarsiens principaux soudés en un canon, indivisible à l'état adulte; en outre, les épiphyses supérieures des métatarsiens latéraux 2 et 5, qui étaient encore libres à l'époque oligocène, sont si bien soudées qu'on ne les distingue plus[1]. Ainsi on peut, suivant le degré de modification des pattes, distinguer l'Éocène inférieur, l'Éocène supérieur, l'Oligocène inférieur, l'Oligocène supérieur et le Miocène.

Les solipèdes donnent aux géologues les mêmes indications que les ruminants. Herbivores et grands coureurs comme eux, ils ont eu une histoire analogue. Il n'y en avait pas dans le commencement du Tertiaire; on n'a pas observé dans l'Éocène plus de canons de solipèdes que de canons de ruminants. Quand nous trouvons des pattes qui n'ont pas moins de cinq ou de quatre doigts (fig. 182), il est vraisemblable que nous sommes sur l'Éocène inférieur ou moyen. La prédominance d'imparidigités à trois doigts bien développés (fig. 183) annonce l'Éocène supérieur ou l'Oligocène. Si le doigt médian prend de l'importance en proportion

1. Je ne parle ici que des épiphyses supérieures, car encore aujourd'hui on retrouve chez plusieurs genres, tels que le chevreuil, le renne, l'élan, des épiphyses inférieures portant des doigts latéraux plus ou moins développés. Dans plusieurs antilopes et dans tout le groupe des tragulidés, les métatarsiens et métacarpiens latéraux sont entiers et portent des doigts.

inverse des doigts latéraux[1], cela nous indique le Miocène inférieur ou le Miocène moyen (fig. 184). Les pattes où le doigt médian se développe comme celui d'un cheval et où les doigts latéraux diminuent en longueur et en épaisseur (fig. 185) caractérisent la fin du Miocène et le commencement du Pliocène[2]. La découverte de pattes de vrais chevaux (fig. 186) qui n'ont plus qu'un

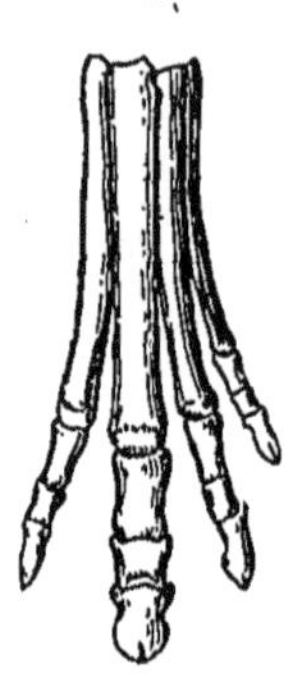

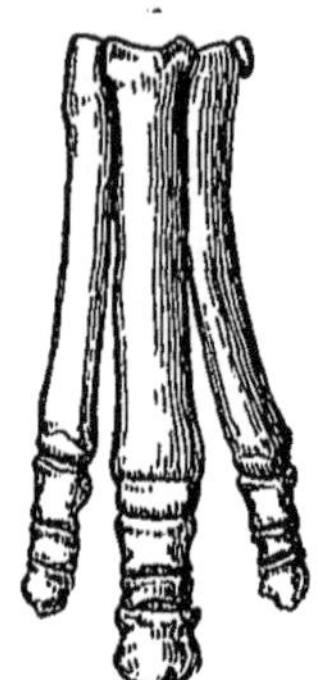

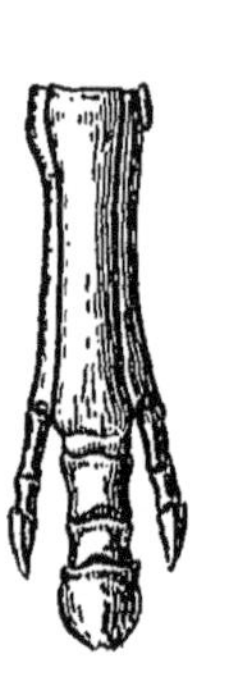

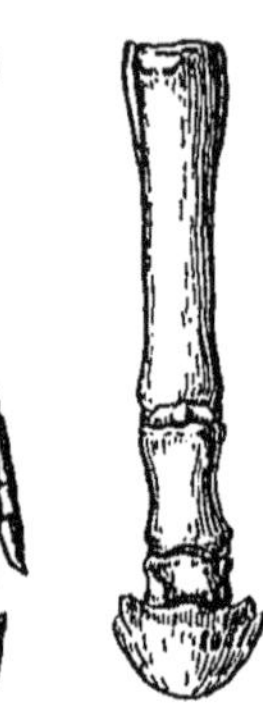

Fig. 182. *Pachynolophus* (*Orohippus*) *agilis*. Éocène moyen.

Fig. 183. *Palæotherium crassum*. Éocène supérieur.

Fig. 184. *Anchitherium aurelianense*. Miocène moyen.

Fig. 185. *Hipparion gracile*. Miocène supérieur.

Fig. 186. *Equus Stenonis*. Pliocène.

seul doigt, nous prouve que nous sommes sur le Pliocène supérieur ou sur un dépôt plus récent.

Si différents que les proboscidiens soient des ruminants et des solipèdes, ils ont avec eux cela de commun qu'ils présentent un type très différencié dont l'évolu-

1. *Paloplotherium minus* de l'Éocène est un avant-coureur.

2. Le *Protohippus* du Pliocène du Niobrara est plus proche du genre *Equus* que l'*Hipparion* par ses molaires à lames moins plissées; mais, d'après ce que j'ai vu dans la collection de M. Marsh, à New-Haven, ses doigts latéraux sont beaucoup moins réduits que dans l'*Hipparion* et, à cet égard, il ne forme pas, comme lui, un passage de l'*Anchitherium* à l'*Equus*.

tion a été tardive, et, qu'ayant commencé par être des omnivores à dents broyantes, ils ont fini par être des herbivores à molaires en forme de râpes. Il en résulte qu'ils fournissent aux géologues des informations du même genre; suivant que les espèces sont plus omnivores ou plus herbivores, elles indiquent un terrain plus ou moins ancien. Lorsque au milieu de nombreux débris de grands mammifères nous ne voyons pas de traces de proboscidiens, nous sommes portés à conclure qu'il n'y en avait point; car les ossements d'aussi gigantesques créatures ne se dissimulent pas facilement; nous supposons alors que nous sommes sur un gisement éocène ou oligocène. Quand on ne découvre que des mastodontes proprement dits à dents broyantes, comme les *Mastodon angustidens* et *tapiroides* (fig. 187), nous sommes fondés à croire que nous sommes sur le Miocène moyen. Il y a des assises où les collines des dents du *Mastodon tapiroides* perdent toute trace de disposition mamelonnée (fig. 188) pour prendre la forme transverse des dents d'éléphants; il nous est permis de penser que ces assises appartiennent à la partie supérieure du Miocène. Dans les couches des Monts Siwalik, on rencontre des dents (fig. 189) qui forment tellement l'intermédiaire entre celles des mastodontes et des éléphants, qu'on les a inscrites tantôt sous le nom de mastodonte, tantôt sous celui d'éléphant; elles indiquent le Pliocène inférieur. On trouve sur plusieurs points de l'Europe des dents qui certainement sont d'éléphants, mais qui rappellent encore les mastodontes par le petit nombre de leurs collines, leur largeur, l'épaisseur de leurs lames d'émail (fig. 190); elles caractérisent le Pliocène supérieur. Nous voyons d'autres dents où le caractère mastodon-

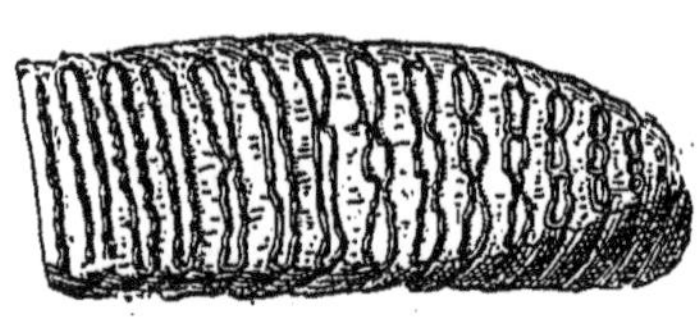

FIG. 192.
Elephas primigenius.
Quaternaire supérieur.

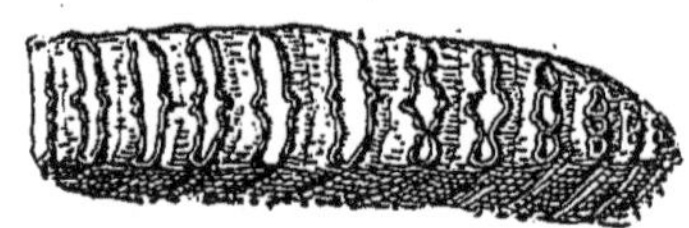

FIG. 191.
Elephas antiquus.
Étage chelléen.

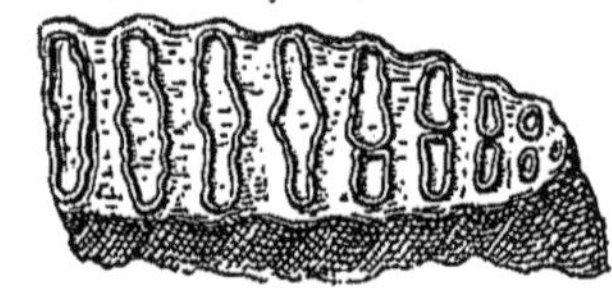

FIG. 190.
Elephas meridionalis.
Pliocène supérieur.

FIG. 189.
Mastodon (Elephas) elephantoides.
Pliocène inférieur.

FIG. 188.
Mastodon turicensis.
Miocène supérieur

FIG. 187.
Mastodon tapiroides.
Miocène moyen.

tique disparaît, les collines se multiplient, s'élargissent, leur émail s'amincit (fig. 191); elles nous apprennent que nous sommes sur le Quaternaire inférieur. Enfin nous rencontrons des molaires qui, par la multiplication des collines, leur hauteur, leur étroitesse, la finesse de leur émail, présentent le type éléphantique le plus accusé (fig. 192), nous disons qu'elles sont de la période glaciaire.

Les carnivores actuels montrent une extrême diversité. Pour qu'ils se soient écartés à ce point les uns des autres, il a sans doute fallu beaucoup de temps; suivant que leur différenciation est plus ou moins grande, nous pouvons croire qu'ils indiquent une époque plus ou moins récente. Par exemple, le type ours, avec ses arrière-molaires tuberculeuses, plus omnivores que carnivores, n'est pas ancien sur la terre. Dans les phosphorites du Tarn qui appartiennent à l'Oligocène inférieur, il n'y a pas d'ours, mais on y rencontre l'*Amphicyon* (fig. 193) qui est omnivore comme les ours et a des tuberculeuses 1 *t*, 2 *t*, 3 *t* plus développées que chez la plupart des carnivores. On trouve dans l'Oligocène supérieur de Saint-Gérand-le-Puy le *Cephalogale* (fig. 194), où les tuberculeuses sont réduites à deux, mais sont moins triangulaires, leurs denticules internes ayant pris plus de développement. Le Miocène moyen de Sansan renferme l'*Hemicyon* (fig. 195) où les tuberculeuses sont encore plus fortes; elles sont nettement quadrangulaires. L'*Hyænarctos* du Pliocène inférieur (fig. 196), semble un *Hemicyon* dont les tuberculeuses sont de plus en plus développées[1]. Chez l'*Ursus arvernensis* du Plio-

1. M. Depéret vient de découvrir, dans le Miocène supérieur de Montredon (Aude), un *Hyænarctos arctoides* qui forme transition entre les genres *Hyænarctos* et *Ursus*.

cène supérieur, la dernière tuberculeuse s'est allongée (fig. 197) ; enfin chez l'*Ursus spelæus* du Quaternaire, les

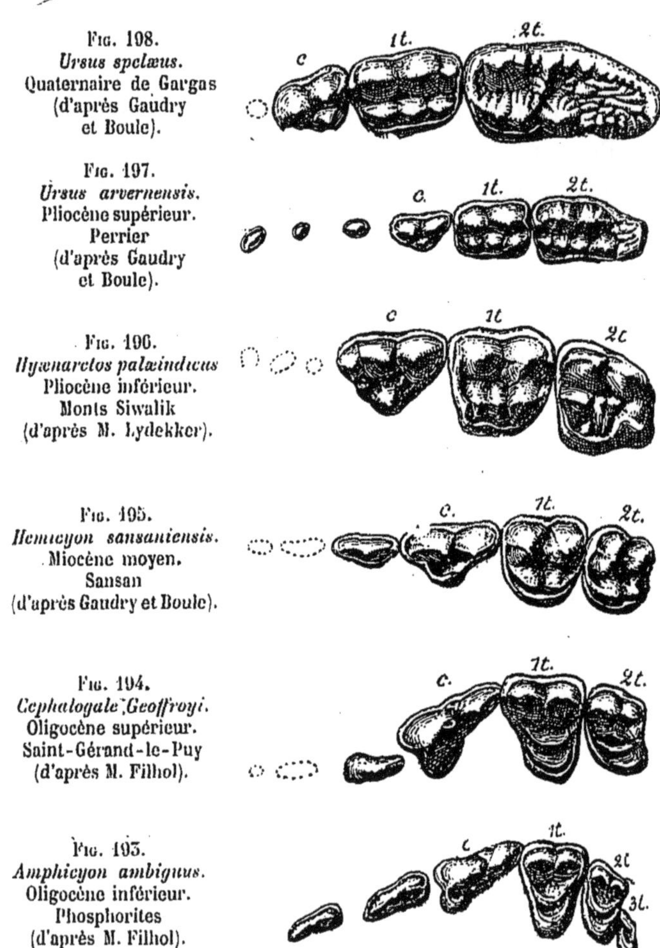

Fig. 198. *Ursus spelæus.* Quaternaire de Gargas (d'après Gaudry et Boule).

Fig. 197. *Ursus arvernensis.* Pliocène supérieur. Perrier (d'après Gaudry et Boule).

Fig. 196. *Hyænarctos palæindicus* Pliocène inférieur. Monts Siwalik (d'après M. Lydekker).

Fig. 195. *Hemicyon sansaniensis.* Miocène moyen. Sansan (d'après Gaudry et Boule).

Fig. 194. *Cephalogale Geoffroyi.* Oligocène supérieur. Saint-Gérand-le-Puy (d'après M. Filhol).

Fig. 193. *Amphicyon ambiguus.* Oligocène inférieur. Phosphorites (d'après M. Filhol).

tuberculeuses ont atteint une dimension excessive (fig. 198). Lors donc que j'aurai à déterminer l'âge d'un terrain où l'on a rencontré des mâchoires de carnassiers, je regarderai à quel état d'évolution sont leurs tuberculeuses, et je croirai ce terrain d'autant plus récent que les dents auront perdu davantage le caractère carnivore pour prendre le caractère omnivore.

D'autres animaux, tels que l'hyène tachetée, et sa variété quaternaire appelée l'*Hyæna spelæa*, sont l'opposé des ours; tandis que ces derniers ont des tuberculeuses énormes et des prémolaires très réduites, les hyènes ont de grosses prémolaires faites pour broyer les

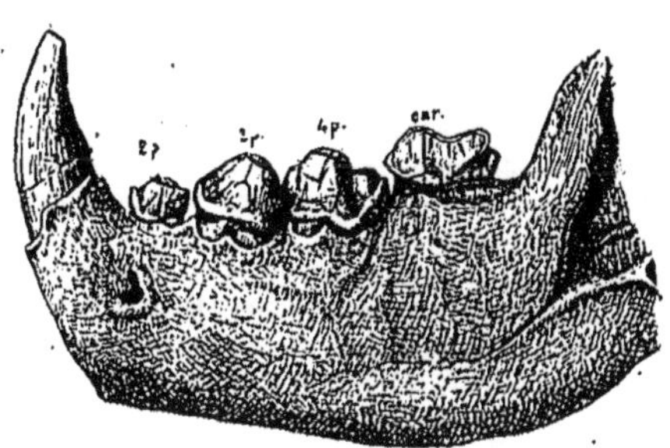

Fig. 199. — Mandibule gauche d'*Hyæna brevirostris*, au 1/3 de grandeur : 2*p*., 3*p*., 4*p*. prémolaires; *car*. carnassière (d'après M. Boule). — Pliocène supérieur de Sainzelle, Haute-Loire.

os, et leurs tuberculeuses sont amoindries; elles ont disparu à la mâchoire inférieure et il n'en est resté qu'une seule petite aux maxillaires supérieurs. Or je trouve dans une assise tertiaire une hyène chez laquelle ces caractères sont bien accusés (fig. 199) ; il est naturel de croire que cette assise n'est pas d'un âge très éloigné des temps quaternaires. Voici maintenant un gisement dans lequel on rencontre des hyènes dont les unes (*Hyænictis*, fig. 200 et 201) n'ont pas leurs tuberculeuses aussi amoindries et dont les autres (*Hyæna Chæretis*) n'ont pas leurs prémolaires aussi épaissies, j'ai lieu de penser que ce gisement est d'une époque plus ancienne.

Les quadrumanes, qui sont les plus perfectionnés des

FIG. 200. — Fragment de mâchoire supérieure gauche d'*Hyænictis græca*, grand. nat. : *4p.* quatrième prémolaire (carnassière) ; *1a.* première arrière-molaire (tuberculeuse). — Miocène supérieur de Pikermi.

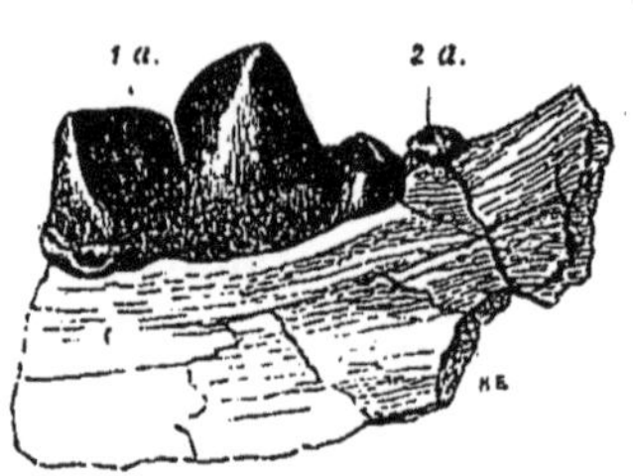

FIG. 201. — Fragment de mandibule droite d'*Hyænictis græca*, vu sur la face interne, grandeur naturelle : *1a.* première arrière-molaire (carnassière) ; *2a.* seconde arrière-molaire (tuberculeuse). — Pikermi.

animaux n'ont été représentés, pendant la première moitié des temps tertiaires, que par les lémuriens

FIG. 202. — Mâchoire inférieure de l'*Adapis parisiensis*, grandeur naturelle. — Phosphorites du Quercy. (Collection du Muséum.)

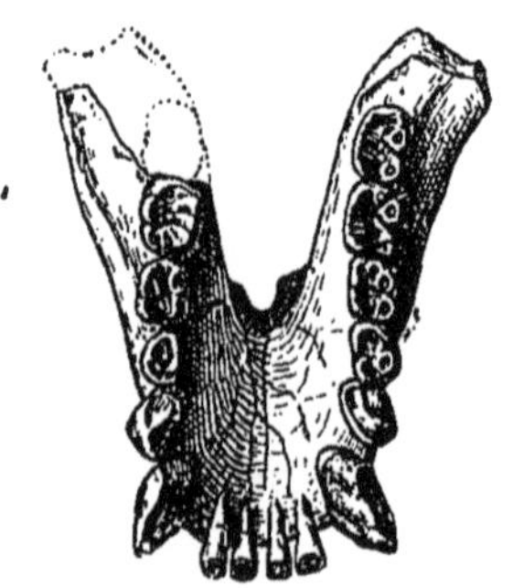

FIG. 203. — Mâchoire inférieure du *Dryopithecus Fontani*, trouvée par M. Regnault, à 1/2 grandeur. — Miocène moyen de Saint-Gaudens.

(fig. 202). Dans le Miocène, nous voyons de vrais singes et même un grand anthropomorphe, le *Dryopithecus* (fig. 203), mais ce singe est moins élevé que le chimpanzé, l'orang-outang et le gorille. Quant à l'homme, il n'existe pas encore; ses types, même les plus inférieurs (fig. 204), n'ont pas jusqu'à présent été découverts dans le Tertiaire. Par conséquent, si nous ne trouvons que des lémuriens, nous pouvons croire que nous sommes sur l'Éocène ou l'Oligocène; si nous apercevons des restes de vrais singes sans trace de l'homme, nous supposons que nous sommes sur le Miocène ou le Pliocène; lorsque nous apercevons des débris humains, nous sa-

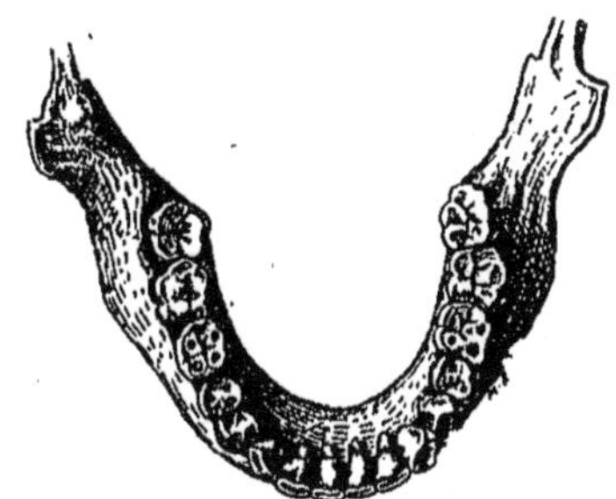

Fig. 204. — Mâchoire inférieure de la Vénus hottentote, à 1/2 grandeur. (Collection d'anthropologie du Muséum.)

vons que nous sommes sur un terrain quaternaire ou actuel.

On pourra me dire qu'il serait difficile de multiplier beaucoup les exemples que j'ai donnés, et que par conséquent l'étude de l'évolution ne prête aux géologues que des secours assez limités. Cela est vrai, mais provient sans doute de ce que la paléontologie est encore dans l'enfance; nous ne sommes qu'au début de l'étude des développements du monde animé.

On objectera aussi que nous sommes exposés à des erreurs, car l'évolution s'est produite d'une manière inégale. A toutes les époques, il y a eu des êtres plus ou moins avancés dans leur développement. Les événements physiques ont contribué à ces inégalités. Ainsi nous voyons dans le Quaternaire le rhinocéros laineux et le mammouth qui, étant plus différenciés que les espèces actuelles, marquent un degré de plus dans l'évolution; cela résulte probablement de ce qu'ils ont dû se plier aux conditions très différentes d'existence imposées par un climat glaciaire; les rhinocéros et les éléphants d'Asie et d'Afrique sont dans un milieu qui ressemble plus à celui des temps tertiaires que le milieu dans lequel ont vécu le rhinocéros laineux et le mammouth du Quaternaire.

En dehors des inégalités causées par les événements physiques, il en est dont nous ne pouvons dire les causes. La plupart des genres de brachiopodes primaires se sont éteints de bonne heure, mais *Lingula* a traversé tous les âges, *Terebratula* vit depuis les temps dévoniens, *Spirifer* a persisté jusque dans le milieu du Secondaire. Les nautilidés ont eu leur règne pendant l'ère primaire; cependant *Orthoceras* s'est continué dans le commencement du Secondaire et *Nautilus* existe encore. Quelques poissons, comme *Ceratodus* d'Australie, *Polypterus* d'Afrique, *Lepidosteus* d'Amérique, conservent aujourd'hui certains caractères des poissons primitifs. On découvre dans le Permien des reptiles où l'ossification des vertèbres est achevée (*Stereorachis*) et des reptiles où elle est inachevée (*Actinodon*). Ainsi que M. Trouessart l'a fait justement remarquer, la faune actuelle de l'Australie est à peu de chose près dans l'état d'évolution où était la faune de l'Europe pendant les temps secondaires, et celle de Madagascar a quelques rapports avec la faune oligocène de l'Europe. Les tatous d'Amérique et leurs prédécesseurs les *Glyptodon* ont une énorme cuirasse qui émousse leur toucher et gêne leur activité; on aurait pu s'attendre à les trouver dans des terrains plus anciens que ceux où on les rencontre.

Ce sont là des faits exceptionnels dont plusieurs peut-être seront expliqués un jour. Dans nos sociétés humaines, les développements individuels nous offrent aussi des inégalités; nous voyons des enfants se former plus tôt ou plus tard que d'autres; le génie de l'homme ne le protège pas contre les arrêts de développement; chaque jour n'avons-nous pas la tristesse de voir des amis dans toute la puissance de leurs facultés décliner avant l'âge? Tout ce que nous pouvons conclure des inégalités que nous constatons quelquefois dans l'évolution des êtres animés, c'est que les applications de l'étude de l'évolution doivent être faites avec prudence. Mais ne faut-il point toujours beaucoup de prudence, quand on chemine dans les sentiers de la science?

Je suis d'ailleurs le premier à admettre que la méthode rationnelle ne saurait faire abandonner la méthode empirique qui se base sur l'observation des espèces; elle marche avec elle et en donne l'explication. Si un géologue rencontre des espèces déjà connues comme caractéristiques d'un âge bien déterminé, ces espèces sont pour lui le meilleur guide. Mais les êtres changent si vite, aussitôt qu'ils passent d'un âge à un autre ou d'un pays à un autre, que souvent nous rencontrons des espèces nouvelles qui ne nous aident pas à déterminer le terrain où on les trouve. Alors l'examen de leur stade d'évolution peut nous fournir des indications. Rarement, quand nous quittons l'étude des mammifères, cet examen nous permet de déterminer les sous-étages ou même les étages, mais il nous renseigne sur les principales divisions géologiques : ce sont déjà de grands services qui augmenteront à mesure que la paléontologie fera plus de progrès. Dans l'état actuel de nos connaissances, les différences d'espèces sont comme les chiffres d'un cadran d'horloge qui marquent les minutes ; les stades d'évolution sont comme les chiffres qui marquent les heures.

Après avoir tâché de mettre en relief les services que l'étude des évolutions des êtres peut rendre à la géologie, j'ajoute qu'elle est appelée à en rendre de non moins grands à la nomenclature qui a une importance si considérable pour l'histoire naturelle. Les noms d'espèces, de genres et de familles, indiquent le plus souvent des êtres qui sont descendus les uns des autres. Mais les noms de divisions plus élevés, comme ceux d'ordres, de classes et d'embranchements, servent parfois à désigner des animaux qui n'ont pas forcément des liens de parenté, ou tout au moins ont des liens de parenté extrêmement éloignés; ils marquent des facies, des manières d'être propres à certaines époques de l'histoire du monde. Par exemple, le mot ordre des pachydermes représente simplement une phase de l'évolution où les mammifères ongulés sont massifs, ont une peau épaisse.

une dentition omnivore; cet état a pu caractériser des animaux de filiation différente, dont les uns auront abouti au type ruminant, les autres au type solipède. Il est assez vraisemblable que la forme amblypode est un stade par lequel ont passé les pachydermes et peut-être les proboscidiens. Nul ne saurait affirmer que les noms d'ordres de cétacés et de siréniens n'indiquent pas des stades marins auxquels sont parvenues diverses bêtes terrestres, et que l'ordre des édentés comprend des animaux dont les ancêtres ont été les mêmes. Le mot ordre des marsupiaux désigne un stade antérieur au stade placentaire. Peut-être, quand on aura multiplié des recherches semblables à celles que M. Seeley fait sur les fossiles de l'Afrique australe, on reconnaîtra que la classe des mammifères n'est qu'un stade d'animaux perfectionnés qui ont été autrefois dans le stade reptile.

Ainsi on devra avoir deux sortes de termes : les noms de stades qui représentent des manières d'être communes à des animaux dont la phylogénie a pu être différente, et les noms de famille et de genre qui indiquent des séries d'espèces descendues les unes des autres. Souvent les noms de stades importeront plus aux géologues que les noms phylogéniques pour les aider à déterminer les terrains, car les stades sont faciles à constater, au lieu que les parentés des animaux sont quelquefois devenues méconnaissables, tant il y a eu de changements pendant le cours des âges.

Si on acquiert la conviction que les espèces, loin d'être fixes, ont subi d'incessantes modifications, on devra renoncer à créer des noms pour les moindres différences, on les réservera aux changements de quelque importance; il deviendra évident qu'au lieu de servir de points de repère pour permettre aux naturalistes de s'entendre les uns avec les autres, ils constitueraient par leur multitude indéfinie un langage incompréhensible. Lorsqu'on aura simplifié la nomenclature, la science deviendra plus accessible, et le nombre de ceux qui la cultivent s'accroîtra. Ce sera là une heureuse chose, car un des plus doux plaisirs qui puissent être donnés à l'homme, est l'étude de la merveilleuse nature dont il est le couronnement.

CONCLUSION

Avant les découvertes de la paléontologie, les zoologistes ont cru à la fixité des espèces[1]. Ils avaient constaté que les animaux semblables s'unissent entre eux et ont des produits féconds, tandis que les animaux différents, ou bien ne partagent pas ensemble les plaisirs de l'amour, ou bien, s'ils les partagent, ont des produits inféconds : on était frappé de voir les unions des juments et des ânes demeurer improductives. Les zoologistes ont alors appelé espèces *les assemblages d'individus qui donnent en s'accouplant des produits féconds* et ils ont regardé ces espèces comme immuables.

On a eu raison de dire que les modifications des êtres ne proviennent pas du croisement des espèces : car, s'il en était ainsi, les animaux d'une même époque formeraient un terne mélange de nuances insensibles, au lieu des admirables contrastes qui s'offrent partout, et on

1. Agassiz écrivait en 1869 : « *Je crois que les limites des espèces sont précises et invariables.* » (*Voyage au Brésil*, p. 303, in-8°.) Il y a peu de temps encore, un de nos plus illustres naturalistes disait : « *L'espèce demeure une entité indélébile, semblable à celle des corps simples de la chimie.* » (De Quatrefages, *Les émules de Darwin*, vol. II, p. 288, ouvrage publié en 1894.)

ne verrait pas apparaître des caractères nouveaux : la nature tournerait dans le même cercle. Mais, parce que les changements ne résultent pas de croisements, ce n'est pas une raison pour nier qu'ils aient eu lieu. Les hyènes, les ours, les rhinocéros, etc., n'ont pas toujours été identiques avec les espèces actuelles. Les temps passés nous donnent le spectacle d'incessantes mutations. Voici, à mon avis, comment les choses se sont produites : des individus, descendus de mêmes parents, ont été modifiés simultanément en passant d'une époque géologique à une autre ; restant semblables entre eux, quoiqu'ils ne fussent plus semblables à leurs parents, ils ont continué à s'accoupler et à fournir des produits féconds. D'autres individus, ayant les mêmes parents, se sont différenciés, soit par suite d'un changement de milieu, soit par toute autre cause ; ils ont alors cessé de donner par leur union des produits féconds. Ainsi, à toutes les époques, comme de nos jours, il y a eu des êtres de même espèce et des êtres d'espèce différente.

Mais l'espèce n'a eu qu'une durée limitée. A la lumière de la paléontologie, il faut, je crois, remplacer les anciennes définitions de l'espèce par la définition suivante : *l'espèce est l'assemblage des individus qui ne sont pas encore assez différenciés pour cesser de donner ensemble des produits féconds.*

S'il n'y a pas eu de croisements entre les différentes espèces, comment les transformations ont-elles eu lieu? Lamarck et M. Cope plus récemment ont parlé de l'influence que l'exercice a sur les organes ; Darwin a étudié le rôle qu'ont joué la sélection naturelle et la concurrence vitale; les nombreux changements physiques produits à la surface du globe, ont eu une action; les microbes n'ont pas été sans importance, etc. Cependant on doit avouer que jusqu'à présent on connaît très peu les causes des transformations des êtres. Je ne saurais m'en occuper. La tâche que j'ai entreprise me paraît déjà assez difficile.

Lorsque l'on croyait les espèces immuables, indépendantes de celles qui les ont précédées, on n'avait pas à s'inquiéter de leur développement. Aujourd'hui, non seulement nous admettons les changements des espèces, mais nous croyons que chacun de ces changements a sa signification; il représente un stade d'évolution, de sorte que par l'enchaînement des espèces des époques successives, nous parvenons à établir l'histoire des familles comme celle d'un individu; nous assistons à leur début, à leur enfance, à leur apogée, et quelquefois à leur déclin. Ainsi commençons-nous à entrevoir une grande synthèse se poursuivant depuis les anciens temps jusqu'à nos jours. La nature, bien loin d'être un composé d'êtres immobiles, échelonnés les uns au-dessus des autres dans des étages successifs, est un composé d'êtres toujours en mouvement. Un plan a dominé l'histoire du monde animé; la paléontologie est l'étude de ce plan.

Descartes admettait l'*automatisme* des bêtes, il pensait que Dieu les faisait mouvoir en agissant directement sur leurs organes. Leibniz a substitué à cette théorie celle des forces, c'est-à-dire la *dynamique*; il a supposé que, lorsque les animaux agissent, sentent ou raisonnent, ce n'est point par une intervention directe de Dieu, mais par le jeu des forces que Dieu a déposées dans ces animaux[1].

Comme Leibniz, je suis porté à croire que ce qui caractérise essentiellement l'être animé, c'est d'être une force ou une réunion de forces. Ces forces sont diverses; il y en a qui s'exercent sans avoir besoin de matière; elles constituent les faits de raison pure. Il y en a qui s'emparent de portions de matière et s'en façonnent des organes.

Nous ne savons pas quelles ont été les premières forces vitales, puisque l'Archéen nous est peu connu et que le Cambrien, le plus ancien terrain bien étudié, renferme beaucoup de types déjà avancés. Mais, à partir de l'époque cambrienne, nous pouvons suivre le développement des êtres et assurer que ce développement a été progressif.

En effet, nous venons de voir dans ce volume qu'au début des temps primaires les animaux étaient petits, qu'ils n'étaient pas très nombreux, très différenciés comparativement à ceux des époques récentes. Ils n'avaient guère de sensibilité, puisque la plupart étaient enfermés dans des coquilles ou des cuirasses. Ils avaient peu d'activité, car plusieurs d'entre eux n'étaient pas seulement emprisonnés, mais aussi enchaînés; leurs enveloppes devaient gêner leurs mouvements; j'ai rappelé que les premiers vertébrés ont eu une colonne ver-

1. M. Nourrisson a donné un résumé très lucide de la théorie des forces et des autres théories de Leibniz dans son beau livre intitulé : *La Philosophie de Leibniz*, in-8°, Paris, 1860.

tébrale incomplètement ossifiée qui donnait un insuffisant appui à leurs muscles. Nous pouvons également assurer que les anciens êtres avaient une faible intelligence, à en juger par ceux d'aujourd'hui qui en diffèrent le moins.

Dans l'ère secondaire, les continents ont vu la force brutale parvenue à son apogée sous la forme des reptiles dinosauriens; les invertébrés et les vertébrés se sont beaucoup multipliés et différenciés. Mais les facultés qui marquent le perfectionnement suprême des êtres animés étaient incomplètes; il y avait encore dans le monde peu de sensibilité et d'intelligence.

Pendant l'ère tertiaire, la dimension du corps des animaux terrestres a un peu diminué; les plus majestueux mammifères, *Dinotherium*, mastodonte, éléphant, n'ont pas égalé les dinosauriens secondaires. En compensation, il y a eu progrès dans l'activité, la sensibilité et l'intelligence; ces progrès ont été continus depuis l'aurore du Tertiaire jusqu'au temps miocène qui marque le summum du monde animal.

Enfin, dans l'ère actuelle, à laquelle appartient l'époque quaternaire, pendant que les océans nourrissent les plus grands animaux marins, la force brutale diminue toujours sur les continents; les mammifères ne sont plus aussi imposants. Mais alors commence le règne de l'homme où se résument, se complètent les merveilles des temps passés; il conçoit l'immatériel, et, s'il ne peut bien comprendre l'œuvre de la création, du moins il l'entrevoit, rendant à son Auteur un hommage que nul être ne lui avait encore offert.

Ainsi, l'histoire du monde nous révèle un progrès qui s'est continué à travers les âges. Ce progrès s'arrêtera-t-il? j'ignore si, dans l'avenir, les plantes porteront des fleurs plus belles, des fruits plus délicieux. Je ne sais si les animaux s'amélioreront, mais ce qu'on peut assurer, c'est que l'homme n'a pas atteint son perfectionnement. Nous n'avons pas fini la série des inventions qui changeront la face de la terre ; nous n'avons pas élevé nos âmes autant que nous pouvons le faire ; à côté de quelques heureux, il y a beaucoup d'hommes qui souffrent et on n'a point efficacement pensé à employer pour le bonheur de nos frères déshérités, les forces qui sont dépensées pour la guerre. Nous, paléontologistes, dont la vie se passe à constater les progrès des êtres animés à tous les âges, nous devons être pleins d'espoir ; nous affirmons qu'en dépit de maux passagers nous progresserons encore !

Je pense que les géologues accepteront volontiers la manière de voir qui est exposée dans mes ouvrages, parce que, s'il est vrai que les étages géologiques ne sont autre chose que des stades dans l'histoire du développement des êtres, la connaissance de ces stades d'évolution fournira un précieux secours pour la détermination des âges de la terre. Mais, au point de vue philosophique, ce livre est exposé à des critiques, car il soulève des questions trop hautes et trop difficiles pour rencontrer l'adhésion de tous les esprits. Ces questions peuvent être ramenées à deux points principaux : rapports du monde animé avec les principes pensants, rapports du monde animé avec Dieu. Je dirai d'abord un mot de la première question.

Je dois avouer que, lorsque je suis les développements des êtres à travers les âges géologiques, passant insensiblement de leur état dans les temps cambriens à leur état actuel, j'ai quelque peine à établir où commencent les facultés qui constitueront une créature intelligente. Il n'est pas aisé de marquer la limite de la sensibilité physique et de la sensibilité morale, de l'activité involontaire et de la volonté, de l'inconscience et de l'intelligence. Mais, en considérant les êtres actuels et surtout en nous considérant nous-mêmes, nous rencontrons des difficultés du même genre. Nous sentons bien qu'il y a en nous une activité involontaire, inconsciente et une activité volontaire qui en est différente et en est parfois l'antagoniste; cependant il nous est difficile de dire où l'une finit, où l'autre commence. C'est là un de ces nombreux problèmes qui oppressent l'âme de l'humanité. Je me rappelle que mon cher maître d'embryogénie, Gerbe me fit suivre jour par jour des œufs qu'une poule couvait : il me montra qu'au moment où ils sont pondus, le jaune ne forme qu'un petit disque blanc appelé cicatricule; cette cicatricule grandit de manière à envelopper le jaune et devient un blastoderme. Un jour on y distingue autour d'un champ clair un champ opaque et cerné par une veine dite coronaire; de cette veine, il y a circulation vers un point central, et un autre jour ce point central devient un cœur qui bat. Je ressentis une étrange impression le jour où Gerbe me fit voir dans un œuf, sans mouvement la veille, un cœur qui battait. D'où vient ce mouvement? Ce n'est pas de la mère, puisque l'œuf est séparé d'elle par une coque dure, et que la simple chaleur d'un four à éclosion produit le même effet qu'une couveuse. Encore une fois d'où vient cette force vitale? Bientôt la vie va se répandre; le poussin sortira de son œuf, il deviendra un oiseau charmant qui chantera, soignera ses petits et saura les défendre au péril de sa vie.

Nous pouvons, au lieu de citer des animaux, citer l'homme lui-même qui est de tous les problèmes le plus extraordinaire. Quel que doive être un jour son génie, un homme commence par être un vitellus microscopique, puis un blastoderme, puis un fœtus; ensuite il vient au monde, sa sensibilité se manifeste, son activité augmente et plus tard brille une lueur d'intelligence qui grandit lentement. Il y a donc apparition de forces nouvelles, car il est difficile de prétendre que les ovules contenus dans les ovaires de la mère, ou les animalcules spermatiques du père possèdent en eux un principe intellectuel. Un être qui pourra être un Raphaël, un Saint Vincent de Paul, un Descartes débute si simplement que tout d'abord il n'a pas les marques de l'humanité; il n'a que des caractères propres au règne animal. Chacun constate cela. Pourquoi n'admettrait-on pas que ce qui se passe de nos jours, se soit passé autrefois? En quoi la difficulté d'établir la limite des phénomènes psychiques et matériels est-elle plus choquante, s'il s'agit des temps passés que lorsqu'il s'agit du temps présent?

Schimper[1] a dit très justement : « *Le commencement des phénomènes qui se passent journellement sous nos yeux est tout aussi obscur, aussi indéchiffrable que celui des grandes créatures passées.* »

La personnalité humaine, si manifeste chez les individus adultes, est confuse dans l'état embryonnaire. Parce qu'un être descend d'un autre, cela n'empêche pas que son intelligence devienne personnelle. Une femme a plusieurs enfants; vous admettez que l'intelligence de chacun de ces enfants est distincte de celle de leur mère. Vous pouvez aussi bien admettre que l'intelligence des hommes est distincte de celle des animaux, alors même que vous découvrez entre eux d'étroits rapports qui vous font supposer une commune descendance. Il y a en chacun de nous, si nobles et si pures que soient nos aspirations, des tendances bestiales qui nous font rougir : c'est de l'atavisme. Il ne faut pas confondre dans la vie le point de départ et le point d'arrivée. Nous pouvons avoir un passé modeste; cela n'empêche pas que nous ayons soif d'idéal, de concept, d'amour divin. Notre âme grandie entrevoit un magnifique avenir; nous nous éloignons de plus en plus du monde matériel d'où notre corps est sorti pour nous élever vers l'Infini.

J'arrive maintenant aux rapports du monde avec Dieu. Les êtres animés ne sauraient avoir eux-mêmes produit leurs forces vitales, car nul ne peut donner ce qu'il n'a pas. Quand nous imaginerons toutes les forces physi

1. Schimper. *Traité de paléontologie végétale*, p. 57.

ques ou chimiques, elles ne feront pas une force vitale et surtout une force pensante. C'est donc la cause première, c'est-à-dire Dieu qui crée les forces.

Plusieurs philosophes[1] ont pensé que Dieu avait à l'origine créé des forces auxquelles il avait donné le pouvoir virtuel de se modifier. Lorsqu'on suit le développement des membres chez plusieurs mammifères tertiaires, on voit qu'ils ont eu d'abord cinq doigts, puis quatre, puis trois, puis deux et enfin un seul; on pourrait donc supposer qu'ils ont simplement subi des diminutions. Mais, à côté de ces diminutions, il y a eu de nombreuses apparitions d'organes nouveaux et de fonctions nouvelles, de telle sorte qu'il faut admettre des créations successives de forces. Dans tous les cas, soit qu'on pense que Dieu a fait chaque force, soit qu'on suppose qu'il a multiplié et modifié une partie des forces qu'il a créées, il me semble que l'activité divine s'est manifestée d'une manière continue.

En faisant ainsi intervenir Dieu sans cesse dans la nature, nous nous trouvons très près du panthéisme qui met Dieu partout. M. Paul Janet a dit : « *Quel est le métaphysicien qui, après avoir distingué Dieu et le monde, cherchant ensuite à les réunir (car c'est à quoi il faut arriver), ait toujours montré une parfaite logique et une*

1. Les métaphysiciens disent que le temps n'existe point pour Dieu. Cela est vrai, si on considère Dieu en lui-même, mais si on le considère dans ses rapports avec le monde, il faut admettre que les manifestations de sa puissance ont eu lieu dans des temps différents. On trouve dans le *Timée* de Platon d'intéressantes remarques sur ce sujet et sur la formation de la nature (Œuvres de Platon, traduites par Victor Cousin, vol. XII, *Timée* ou *De la nature*, p. 130, 1839).

vraie lucidité?... Si vous séparez trop Dieu et le monde, vous tombez dans le dualisme antique; si vous les unissez trop, vous courez le risque de tomber dans le panthéisme[1]. » En vérité, quand on se place uniquement au point de vue de la nature, on a facilement des tendances vers le panthéisme; ces tendances sont le résultat d'une admiration excessive des merveilles que nous découvrons toujours et partout. Qui donc a contemplé la voûte du ciel avec ses astres innombrables, sans être une seule nuit tenté de s'écrier : indéfini des espaces, ne seriez-vous pas l'être infini lui-même? Quel voyageur, rencontrant au sommet d'une montagne solitaire des fleurs charmantes, embaumées, n'a été disposé à leur dire : fleurs dont la beauté m'entraîne vers l'idée du Beau absolu, n'en seriez-vous pas un effluve? Celui qui entrevoit le monde passé avec sa perpétuelle et incompréhensible fécondité peut le trouver tellement grand, tellement puissant qu'il se demande si ce n'est pas quelque chose de Dieu lui-même.

Mais, on ne saurait faire abstraction de l'humanité, qui semble la merveille à laquelle a abouti la création. Si le monde se confond avec Dieu, les hommes qui font partie du monde se confondent aussi; ils n'ont plus de personnalité et, comme, sauf de rares exceptions, ils croient fermement à leur personnalité, il faudrait en conclure qu'ils ne sont que des insensés. Nous ne saurions admettre cela, car si nous pensions que nous sommes des malheureux dépourvus de sens, il nous

1. Paul Janet, *Spinoza et le Spinozisme* (Revue des Deux Mondes, XXXVIIe année, seconde période, vol. LXX, p. 491, 1867).

serait inutile de raisonner davantage. Quand nous suivons l'histoire de toutes les époques géologiques, nous y voyons une harmonie universelle et nous ne pouvons croire que l'homme soit une exception dans cette harmonie.

A cet argument et à plusieurs autres cités par les spiritualistes, j'en ajouterai un qui est tiré de nos études mêmes sur l'évolution des êtres des temps passés. Si proche que Dieu soit de la nature, il ne se confond pas avec elle, car l'histoire du monde nous révèle une unité de plan qui se poursuit à travers tous les âges, annonçant un Organisateur immuable, tandis que la paléontologie nous offre le spectacle d'êtres se modifiant sans cesse. Il y a opposition entre ces êtres si mobiles et leur Auteur qui reste toujours le même. J'ai dernièrement fait un travail sur l'éléphant fossile de Durfort, le plus imposant mammifère terrestre dont on possède un squelette entier; en le contemplant dans notre galerie de paléontologie du Muséum, en pensant au *Dinotherium gigantissimum* plus puissant encore, au Mastodonte, aux Dinosauriens des temps secondaires, j'ai cherché en vain quelle cause matérielle a pu les faire disparaître. Tout se transforme ou meurt, géant ou nain, peuple ou individu, lentement ou brusquement. Les mieux doués, ceux qui marquaient le complet épanouissement de leur classe et semblaient les plus invincibles, se sont éteints souvent sans laisser de postérité. Depuis le jour où la première créature reçut le souffle de vie, combien d'êtres sont tombés, que de naissances, d'amours, d'épanouissements dont la trace s'est effacée! Le changement paraît être la suprême loi de la nature. Il y a quelque mélancolie dans le spectacle de ces inexplicables disparitions. L'âme du paléontologiste, fatiguée de tant de mutations, de tant de fragilité, est portée facilement à chercher un point fixe où elle se repose; elle se complaît dans l'idée d'un Être infini, qui, au milieu du changement des mondes, ne change point.

FIN

LISTE DES FIGURES

FOSSILES DE DIVERSES ÉPOQUES

CAMBRIEN

SILURIEN

DÉVONIEN

CARBONIFÈRE

PERMIEN

TRIAS .

LIAS

OOLITE

INFRA-CRÉTACÉ

CRÉTACÉ

ÉOCÈNE

OLIGOCÈNE

MIOCÈNE

PLIOCÈNE

QUATERNAIRE

ACTUEL

FIN DE LA LISTE DES FIGURES

TABLE ANALYTIQUE

ESSAI DE PALÉONTOLOGIE PHILOSOPHIQUE

INTRODUCTION

CHAPITRE I

LE MONDE ANIMÉ EST UNE GRANDE UNITÉ DONT ON PEUT SUIVRE LE DÉVELOPPEMENT COMME ON SUIT CELUI D'UN INDIVIDU

CHAPITRE II

DE LA MULTIPLICATION DES ÊTRES

CHAPITRE III

DE LA DIFFÉRENCIATION DES ÊTRES

CHAPITRE IV

DE LA CROISSANCE DU CORPS CHEZ LES ÊTRES ANIMÉS

CHAPITRE V

PROGRÈS DE L'ACTIVITÉ DANS LE MONDE ANIMÉ

CHAPITRE VI

PROGRÈS DE LA SENSIBILITÉ

CHAPITRE VII

PROGRÈS DE L'INTELLIGENCE

CHAPITRE VIII

APPLICATIONS PRATIQUES DE L'ÉTUDE DE L'ÉVOLUTION DES ÊTRES

CONCLUSIONS

FIN DE LA TABLE ANALYTIQUE.

ADDITIONS ET CORRECTIONS

Page 3. — Assurément la Paléontologie est dans son enfance. A mesure qu'elle progressera, on constatera que les apparitions de la plupart des êtres remontent à une époque plus ancienne que nous ne l'avions constaté. Mais ce n'est pas une raison pour penser que les ordres de succession seront beaucoup intervertis.

Page 6. — Le *Palæocypris* n'est pas du Houiller proprement dit, mais du Culm.

Page 32. — C'est M. Van Tieghem qui a le premier signalé des Bactéries dans le Primaire. M. Bernard Renault vient d'en découvrir dans le Dévonien.

Page 37. — Au lieu d'*Ethria*, lisez *Etheria*.

Page 58. — Le *Meganeura* figuré par M. Brongniart ne dépasse par 0m,64.

Page 120. — M. Smith Woodward, dans le *Catalogue du British Museum*, donne une restauration de *Coccosteus* un peu différente de celle que j'ai empruntée à mes *Enchaînements du Monde animal*.

32 831 — Imprimerie Lahure, rue de Fleurus, 9, à Paris.

www.ingramcontent.com/pod-product-compliance
Ingram Content Group UK Ltd.
Pitfield, Milton Keynes, MK11 3LW, UK
UKHW020117200726
13856UKWH00002B/594